国家出版基金资助项目
湖北省公益学术著作出版专项资金资助项目
中国城市建设技术文库
丛书主编　鲍家声

Sustainable Architectural Planning and Design
Research and Practice on Architectural Planning and Design Towards Green Transition

可持续发展的建筑规划与设计
迈向绿色转型的建筑规划设计研究与实践

鲍家声　著

http://press.hust.edu.cn
中国·武汉

图书在版编目(CIP)数据

可持续发展的建筑规划与设计:迈向绿色转型的建筑规划设计研究与实践/鲍家声著. —武汉:
华中科技大学出版社,2023.7
(中国城市建设技术文库)
ISBN 978-7-5680-9227-2

Ⅰ.①可… Ⅱ.①鲍… Ⅲ.①生态建筑-城市规划-建筑设计-研究 ②生态建筑-建筑
设计-研究 Ⅳ.①TU984 ②TU201.5

中国国家版本馆 CIP 数据核字(2023)第 145948 号

可持续发展的建筑规划与设计
——迈向绿色转型的建筑规划设计研究与实践

鲍家声 著

Kechixu Fazhan de Jianzhu Guihua yu Sheji
——Maixiang Lüse Zhuanxing de Jianzhu Guihua Sheji Yanjiu yu Shijian

策划编辑:金 紫
责任编辑:金 紫 郭雨晨
封面设计:王 娜
责任校对:阮 敏
责任监印:朱 玢
出版发行:华中科技大学出版社(中国·武汉)　　电话:(027)81321913
　　　　　武汉市东湖新技术开发区华工科技园　　邮编:430223
录　排:华中科技大学惠友文印中心
印　刷:湖北新华印务有限公司
开　本:710 mm×1000 mm　1/16
印　张:26.5
字　数:443 千字
版　次:2023 年 7 月第 1 版第 1 次印刷
定　价:188.00 元

前　　言

1992 年 6 月 3 日至 14 日，联合国环境与发展会议（UN Conference on Environment and Development）在巴西里约热内卢召开。该会议也称地球首脑会议。此会议上通过了一个重要文件，即《21 世纪议程》（*Agenda 21*）。该文件提出了"世界范围内可持续发展行动计划"。可持续发展战略思想由此得到世界的共识，各国政府和国际组织纷纷行动起来。从那时起，我开始关注和思考可持续发展思想对人类社会未来发展的影响，特别是它对未来建筑、城市建设以及建筑教育的影响。并且，我确定要将这一思想贯彻落实到建筑教学、建筑科学研究和建筑设计工作中。

首先，我考虑的是建筑教学，就是如何让学生尽早了解和研究可持续发展的战略思想。于是，我决定要为研究生开设一门新的选修课。我通过三年的思考和准备，于 1996 年在东南大学为研究生开设了一门名为"可持续发展的城市与建筑"的选修课，后来我到了南京大学创办的建筑研究所（发展为今日南京大学建筑与城市规划学院），继续为研究生开设这门选修课，与他们共同学习和探索这个课题。自此，我的研究方向就由开放建筑转向可持续发展的城市与建筑。我招收的博士研究生和硕士研究生研究的课题大多也都转向这一方向。如博士生的研究成果就有《应变建筑观的建构》（吕爱民），吕爱民毕业后以此为基础出版了专著《应变建筑——大陆性气候的生态策略》。博士生的研究成果还有《存在与进化——可持续发展的建筑之模型研究》（胡京）、《建筑过程的开放化研究》（吴锦绣）、《智能型办公建筑空间特征之研究》（涂尧威）、《建筑结构发展生态化趋势研究》（林武生）、《台北都市再生评量体系建构之研究》（陈金令）以及《城市环境诱发河川水灾之研究》（关华）等。 硕士研究生的研究成果有《绿色建筑初探——一种可持续建筑的研究》（孙俊杰）、《城市空间的集约化研究——立体化空间开发利用探讨》（范炜）、《澳门居住环境状况分析》（黄丹东）、《江西客家围屋朴素的生态精神——龙南县客家土围子佣景研究》（汪颖）、《城市住宅利用太阳能设计初探——以夏热冬冷地区为例》（刘锷东）、《长江中下游徽州地区传统居民建筑应对地域性气候设计研究》（孙艳）以及《光纤采光照明系统在城市住宅中的应用研究——阳光住宅设计初探》（刘柯）等。 这促使研究生学习、思考、研究和探索这方面的课题，从而有意识地将可持续发展的思想贯彻到他们今后的学习和工作中。

我的建筑科研方向也转向可持续发展思想与建筑关系的研究。 1998 年，我申请了国家自然科学基金课题"生态住宅小区规划设计研究"。 这个课题在国内是该方向最早开展的研究课题。 除国家自然科学基金资助外，建设部（今住房和城乡建设部）、科学技术部及江苏省科学技术委员会都很重视和支持，共资助 45 万元研究基金。 此研究课题结合实际工程进行，与扬州新能源房屋开发有限责任公司合作。我们按可持续发展思想在扬州规划设计一个生态住宅示范小区，即本书第一篇第 4章第一个生态住宅小区试验工程。

与此同时，我将可持续发展思想贯彻到建筑设计工作中，把它作为建筑工程规划设计的基本指导思想。 在所有建筑工程项目的规划设计中，我都尽力遵循可持续发展思想，尽量减少对自然环境的不良影响，努力建造对生态环境更友好的建筑；尽力提高资源利用率，并努力开发新的资源；尽力使规划设计的建筑工程有利于促进社会的公平，有利于社会和谐，使人们的生活更加舒适、健康。 建筑规划设计应尊重传统历史文化，尊重地域文化，保护、传承、弘扬和发展地域新文化。 如第一篇第 1 章上海锦华花园规划设计是我们最早有意识地遵循可持续发展思想而设计的案例。 我们尽力保留、利用场地上的自然水系和现有的建筑，可惜该方案当时并未被认同。 本书选取的这些工程都是我们根据工程所在地的自然环境和历史文化环境，以可持续发展思想为指导进行规划设计的。 本书可以说是我们迈向绿色转型的建筑规划与设计的历史记录。

2021 年，中国建筑工业出版社出版了我的一本著作《可持续发展的城市与建筑——人居环境可持续论》。 这是我二十余年对可持续发展思想与建筑及城市关系的思考，对可持续发展建筑与城市的理论探索。而本书则是我们对二十余年遵循可持续发展思想所完成的一些工程规划设计工作的总结，也是我们迈向绿色转型的建筑规划与设计的足迹。这也是我追求的"思"与"行"的统一。

本书共三篇，计29章。其中，第一篇共7章，为绿色社区规划与住宅设计；第二篇共15章，为绿色校园规划与绿色建筑设计；第三篇共7章，为木构绿色低碳建筑探索。这些规划设计大多数都已成为现实，极少部分因各种原因未能建成，但设计所表达的理念还是可以看出来的，如第二篇第15章覆土建筑探索。这个工程是台湾一位投资商拟在厦门新建的丽心梦幻乐园，园址选在厦门市一个公园内。该项目邀请来自东南大学、清华大学、天津大学及同济大学等六所院校的六位教授主持设计。我们提供的方案得到评委和投资商的赞赏，原拟作为实施方案，但最终因选址不当，工程未建设，实感遗憾。这个设计方案就是按照可持续发展思想，采用了覆土建筑理念，节省了土地，重塑了山丘的自然形态。

本书介绍的所有工程的建筑规划和设计工作都是由开放建筑研究发展中心和建学建筑与工程设计所有限公司江苏分公司合作完成的。开放建筑研究发展中心主要从事建筑研究和建筑工程规划设计工作，主要由我带领研究生进行。建筑施工图设计都由建学建筑与工程设计所有限公司江苏分公司完成。我们师生参与部分建筑施工图绘制工作，这样为研究生参与建筑设计实践创造了较好的条件。设计人员中有经验丰富的建筑师和工程师，如原在东南大学建筑设计研究院有限公司的教授级高级建筑师龚蓉芬，原在南京市民用建筑设计研究院有限责任公司（现为南京长江都市建筑设计股份有限公司）的结构专业高级工程师陈宜君，原在上海市民用建筑设计院（现为上海建筑设计研究院有限公司）的给排水专业高级工程师杨汉中及原在江苏省建筑设计研究院有限公司的教授级电气专业高级工程师贡鑫培等。此外还有年轻的教授级高级建筑师、国家一级注册建筑师鲍冈、贺颖，高级建筑师陈菊花，正高级工程师、国家一级注册结构工程师朱晓丽，结构专业高级工程师蒋笑奇，结构专业高级工程师朱兴福，电气专业高级工程师李万里等。所有这些工程的施工图都是由他们负责设计的，是集体创作的结果。他们认真负责的态度保证了施工图的高质量。他们为此付出了大量的心血，做出了巨大的贡献。

我的研究生在读期间基本上都会参加一两个实际工程设计工作。参加本书介绍的工程设计的研究生有仝辉、吴锦绣、郭伟、冯三连、张彧、高丹、刘怡、徐晓城、刘锷东、周鑫等。他们都在自己参与的工程设计中得到了锻炼，增长了才干。这本书的出版也凝聚了他们的心血。

此书在编写过程中得到了建学建筑与工程设计所有限公司江苏分公司沈国琴和李德林两位同志的大力帮助。他们不厌其烦地帮助做图文工作。华中科技大学出版社的金紫等编辑为本书的顺利出版给予了大力支持，在此一并表示感谢。

鲍家声

2022 年 8 月

目录

第一篇

绿色社区规划与住宅设计

1 基于可持续发展的建筑规划与设计

——上海锦华花园规划设计

1.1 工 程 概 述

上海锦华花园是 2000 年国家建设部、国家科学技术委员会共同推出的城乡小康住宅示范工程之一，位于上海六里现代生活园区的东北角，博文路和锦绣路的交会处。上海六里现代生活园区是继陆家嘴金融贸易区、金桥出口加工区、外高桥保税区、张江高科技园区及孙桥现代农业开发区后，由浦东新区委员会批准设立的又一个功能园区。它位于浦东新区的西南部，南浦大桥桥堍旁。锦华花园是该现代生活园区最先开发的地块。

锦华花园用地面积为 $1.14 \times 10^5 \, \mathrm{m}^2$，总建筑面积为 14 hm^2。锦华花园由国内外4 家设计单位提供设计方案，最后方案由华东建筑设计研究院有限公司进行深化，并完成全部设计。锦华花园于 2000 年底开工建设。当时，我在东南大学任教，有幸应邀参与了该小康住宅示范工程的方案设计。在这次示范工程规划设计中，我们以可持续发展作为方案规划设计的指导思想，以创建一个以人为本、环境友好的和谐人居环境为目标。这是我们以可持续发展思想为指导完成规划的最初尝试，具体体现在以下几方面。

1.2 尊重自然、保护自然

场地内有两条水渠。 我们保留和利用原有的水系（图1-1），维护自然的生态体系，并合理利用。 方案规划中没有把水系填埋，而是把"断头"的水道连接成环形水系，使其由"死"水变为"活"水，让其流经小区内的各个住宅组团，让大家共享。 这样不仅尊重和保护了自然，而且让景观共享，也体现了可持续发展思想的共同性和公平性原则。 我们曾设想将水处理后集中做一个大景观水池，将其置于中心绿地，这样中心绿地景观可以更美。 这种设计虽然具有共同性，但欠缺公平性，只有景观周围少数住户能观赏美景。 我们最终决定采用环形分散的方式，将水系与带形绿地结合，两者的共享水平就大大提高了。

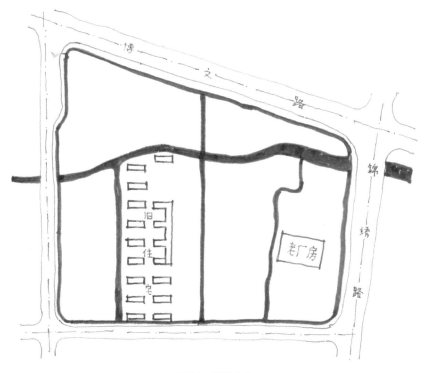

图1-1 场地水系

1.3 旧建筑再利用

可持续发展思想在经济层面有一个3R原则，即reduce（减量化）、reuse（再利用）、recycle（再循环）。 其中，再利用原则在这次方案设计中被特别予以关注。因为，我们在分析场地现状后，发现场地内有两处老房子：一处是场地西侧两行行列式的多层住宅；一处是场地东侧的老厂房（图1-1）。 对于这两处老房子，我们决定尽量保留下来并加以利用。 对于西侧17幢老住宅，我们结合道路、绿化和景观规划，将其大部分保留下来（仅拆除3幢），融入新的小区规划，并建议对住宅内外进行适当改造，使之与新建筑、新生活相适应。 这就节省了大量资源，达到减量化原则的要求。

我们对东侧的老厂房也采取保留、改造再利用的举措。 我们把这两跨单层的老厂房改造为小区公共生活服务中心，包括物业管理处、小区活动中心和便民超市等，将层高较高的车间局部空间改为两层，提高了建筑空间的利用率，也改善了原车间单调的空间结构，并提升了商业、文化活动的空间氛围——这也遵循了可持续发展经济层面的减量化原则和再利用原则。

1.4 结合气候规划设计

上海属于亚热带季风气候区，夏热冬冷，夏季以东南风为主，冬季以西北风为主。 根据这样的气候特点，我们在总体规划布局中，将全部建筑南北向布置，并保持足够的前后间距，以保证建筑在冬季得到充足的阳光照射。 每一个住宅组团都在东向、南向开口，使住宅迎向夏季主导风向东南风。 整个住宅小区的布局是东南部分建筑布置较稀疏，西北部分建筑布局较密集。 这也是为了使夏季主导风向东南风能深入小区内部。 高层住宅和小高层住宅都布置在西北方向，目的是冬季阻挡西北风，成为小区的"屏风"，为小区创建一个较适宜的气候环境。锦华花园方案总平面和方案效果如图 1-2 和图 1-3 所示。

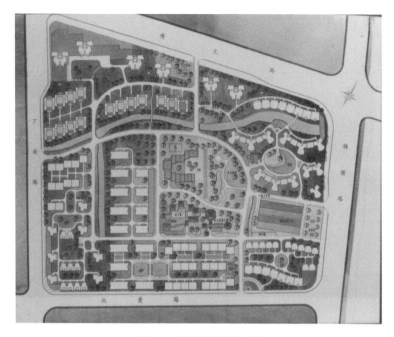

图 1-2　锦华花园方案总平面

图 1-3　锦华花园方案效果

1.5 引入开放住宅灵活性、持续性设计理念

开放住宅设计理论把住宅分为支撑体和可分体（填充体）两部分，创造让住户参与住宅设计和建设的形式，把住宅建设分为二阶段设计和建设。 这样可使住宅适应住户多样化和个性化的需求，有利于住宅适应性发展，体现以人为本、面向未来、灵活多变和再利用原则的理念。 因此，在锦华花园规划设计中，我们将所有的住宅都设计成支撑体住宅，即都设计成"空壳子"，让住户选定后，再根据他们的心愿进行二次设计和施工，真正建成令住户满意的住宅。 为此，我们还把无锡支撑体住宅模式——多层院落退台式运用到场地西北角两组住宅中（图1-4）。

图1-4　无锡支撑体住宅模式——多层院落退台式

这种模式符合可持续发展建筑的要求，也避免了二次装修导致的人力、物力的浪费，符合减量化原则和再利用原则的要求。 这一思想最后融入该小区住宅的实际建设。

这项工程设计时间是 20 世纪 90 年代中期。 那时距离可持续发展思想在全世界形成共识不久，有的人还不太了解，应用可持续发展思想的建筑规划设计不多。 虽然该方案最终没有被采纳，但这是我们较早将可持续发展思想应用于规划设计的例子。

2 基于地域文脉的小康住宅
示范工程设计
——西安大明宫花园小区规划设计

2.1 工程概述

西安大明宫花园小区位于西安老城北部龙首原，与唐代大明宫遗址相邻（图 2-1）。 工程占地面积为 2.2×10^5 m²，地势平坦，地形方正，是国家建设部、国家科学技术委员会共同推出的 2000 年城乡小康住宅示范工程之一。

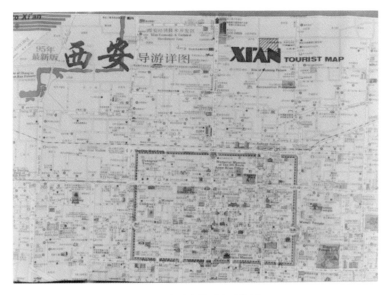

图2-1 大明宫花园小区位置

中国小康住宅示范工程是根据国家"2000年小康型城乡住宅科技产业工程"项目实施方案确定的目标和要求在全国推行的。要求各示范小区以科技为先导，提高住宅功能居住环境水平，推动住宅产业现代化。小区应具备超前性、先导性和示范性。规划设计应具有创新意识，坚持可持续发展的原则，创建具有21世纪初叶居住生活水准的文明小区[1]。仅1994年12月—1996年9月，有近70个示范小区规划方案提交参评。经5次专家评审会评审，50余个方案获得通过，即可在当地立项实施。我们所完成的西安大明宫花园小区规划设计是评审通过的方案之一。在那次评审会上，提交参评的方案共有23个，西安大明宫花园小区规划和住宅设计两项均被评为"优秀"，是23个规划设计方案中唯一获得此荣誉的作品。规划总平面和规划总平面鸟瞰见图2-2、图2-3。

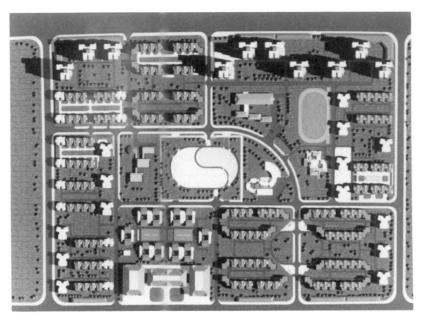

图2-2　规划总平面

西安大明宫花园小区规划设计坚持可持续发展思想，努力将可持续发展思想贯穿每一个设计，主要体现在以下几方面。

---

[1] 引自《2000年小康型城乡住宅科技产业工程城市示范小区规划设计导则》，建设部（今住房和城乡建设部）居住建筑与设备研究所主编，1994年7月。

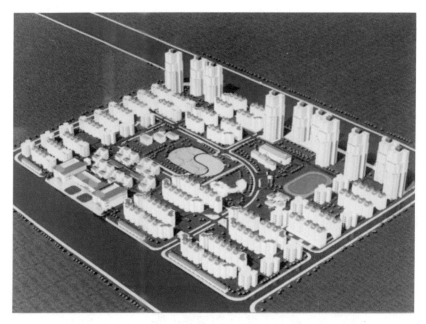

图 2-3　规划总平面鸟瞰

2.2　规划设计坚持以人为本，落地设计

规划设计应增强以人为本、以人为主体的意识，使这种意识由抽象化、概念化转变为具体化、实际化，从而真正做到设计落地。为此，我们在方案设计中积极创造公众参与的条件，有意将一些填充体式的空间留给住户，让他们发挥再创造的积极性。如在建筑底层和屋顶（包括退台式屋顶），让住户再创造一些绿色空间；小区的公共绿化系统设计能让所有住户共享（图2-4）。这种共享不只是可观，更重要的是可达、可用，能让住户身临其境，而且要方便、舒适、优美、安全。

以人为主体要求规划设计尊重人的行为、心理和生理的需求，并予以落实。我们规划设计的小区公共服务设施系统，如小学、幼儿园、社区中心、购物中心、沿街商店、配电房、锅炉房、农贸市场、垃圾处理站等，都尽量依据人的行为轨迹来设置，尽量就近设置在住户的来往动线上，要让住户少走"冤枉路"（图2-5）。

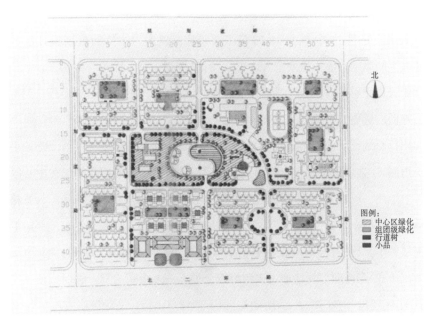

图 2-4　绿化系统

图例：
中心区绿化
组团级绿化
行道树
小品

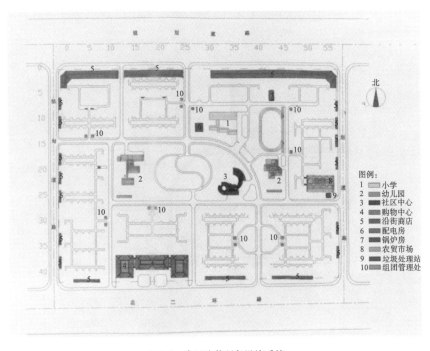

图 2-5　小区公共服务设施系统

图例：
1　小学
2　幼儿园
3　社区中心
4　购物中心
5　沿街商店
6　配电房
7　锅炉房
8　农贸市场
9　垃圾处理站
10　组团管理处

以人为主体也体现在交通问题的处理上。 交通问题实际上是人、车、路、管4个层面关系的处理。 其中，人、车是主要矛盾，以人为主体的规划设计应该坚持"车让人"的原则，而不是要"人让车"，并且要避免"车扰人"。 因此，我们在方案设计中开辟足够的现代交通所需要的静态交通空间，使各种车辆运行自如，停放安全、方便，避免"车扰人"、车与绿化"争地"。 通过分析该地区的交通环境和住户的出行轨迹，我们慎重确定小区出入口的位置和道路骨架的规划，设计小区环形主干道网。 为避免机动车直穿小区，我们将纵横道路T形相交，仅在中心区设置一段弧形道路，以增强小区空间的活泼感。 小区内一、二级道路网基本为方格形，以继承西安古城棋盘式的道路布局。 停车空间有多种形式：地下停车、半地下停车和架空层停车。 露天停车场仅供临时访客停放车辆，减少车与绿化"争地"的情况。 所有的停车场地都沿环形主干道设置，车不进入组团内部，确保方便、安全、安静。 小区还设有专门的人行出入口，既方便住户出行，又尽量将人与车分开（图2-6、图2-7）。 由于我们采用多种停车方案，机动车停车位大大增加，在当时是超前的。

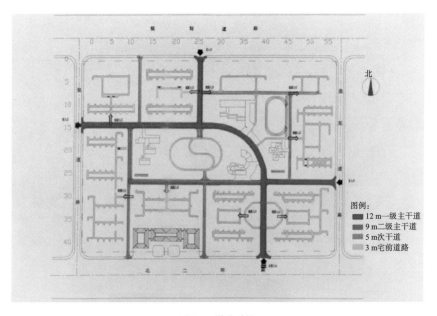

图 2-6 道路系统

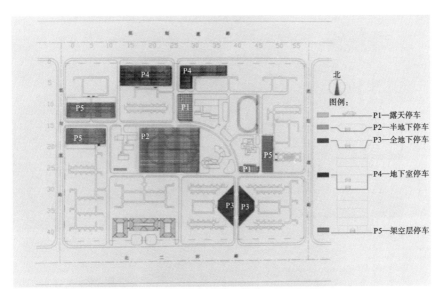

图 2-7 机动车静态交通系统

以人为主体的规划设计思想体现在住宅设计中就是采用支撑体住宅模式。 除了厨房、卫生间因受上下管道对位的限制而固定，其余的使用空间尽量设计成灵活空间，为住户提供自由设计的可能性，同时避免了住户二次装修带来的人力、财力和物力的浪费，符合可持续发展减量化的原则。

2.3 规划中坚持尊重历史，延续文脉

这个小区位于西安古城大明宫遗址北侧，与大明宫一路之隔。 大明宫遗址是1961 年国务院首批公布的全国重点文物保护单位，是国际古迹遗址理事会确定的具有世界意义的重大遗址保护工程。 大明宫初建于唐太宗贞观八年，占地面积为3.2 km^2（图 2-8～图 2-10），是唐代最宏伟的宫殿建筑群，也是当时世界上面积最大的宫殿建筑群，是唐代的国家象征。

在如此重要的历史遗址地段进行新工程的规划设计应缜密思考。 因为保护历史文化遗产（遗址）也是为了民族文化的传承，为了维护世界文化多样性，促进人类文化共同发展。 因此在规划设计中，我们把加强文化遗产保护作为该小康住

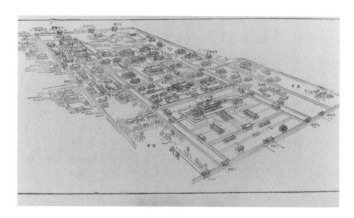

图 2-8　唐代大明宫总体鸟瞰

图 2-9　大明宫麟德殿模型

宅示范小区的一项重要的使命，绝不能有对文化遗产保护不利的设计举措。 为此，我们低调处理小区的规划布局，没有把小区的主要入口放在大明宫的中轴线上，而是在大明宫的轴线上布置购物中心，并将购物中心向北退让红线 28 m，形成"门"形开放空间。 该购物中心中部三层，四边四层。 我们采用四坡屋顶灰色屋面和较大的出檐，使其与今后要修复的大明宫建筑群相协调，并使其成为大明宫轴线的延伸。 我们在其南面布置低层住宅，而将高层住宅都布置在场地的北边，远离大明宫，以避免破坏天际线，有利于维持大明宫建筑群空间的完整性（图 2-11）。

唐代长安城南北向有 11 条大街，东西向有 14 条大街，把住宅区划分成了整整齐齐的 110 坊，其形状近似棋盘。 我们规划的大明宫花园小区组团布局效仿了长安城的里坊制。

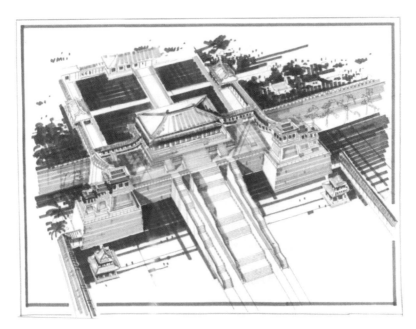

图 2-10　大明宫含元殿鸟瞰

(a) 鸟瞰图1

图 2-11　大明宫中轴线上小区的布局

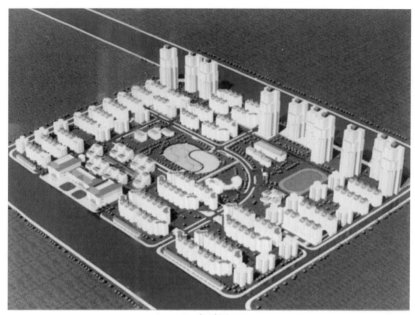

(b) 鸟瞰图2

续图 2-11

2.4 增强社区意识，加强邻里感，创建和谐住宅区

根据《2000 年小康型城乡住宅科技产业工程城市示范小区规划设计导则》的要求，大明宫花园小区是具有超前性、示范性和引导性的示范工程小区，从策划、规划、设计、建设到管理都应思想超前、科技领先，成为我国 21 世纪初（2010 年）大众住宅区的示范窗口样板。为此，我们按社区的观念来规划设计这个示范小区，以增强邻里感，创建和谐的住宅区。具体设计如下。

（1）按照社区、住宅组团、邻里单元三级居住组织模式进行规划设计。

全区划分为 A 区、B 区、C 区、D 区、E 区、F 区、G 区和 H 区 8 个住宅组团，8 个组团围绕中心区布局。每个住宅组团又由 2~4 个邻里单元构成，每个邻里单元则由围合式的住宅组成（图 2-12~图 2-15）。

（2）建立完整的三个层次的室外公共空间体系。

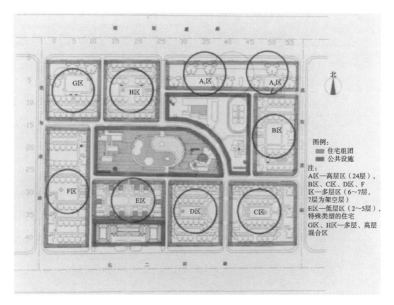

图2-12　小区空间结构系统

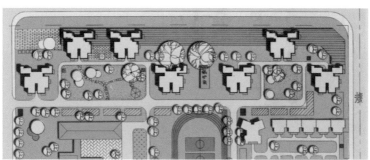

(a) A区平面

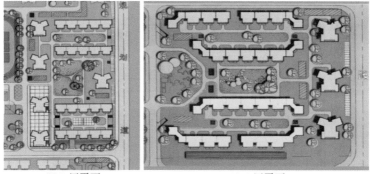

(b) B区平面　　　　　　　　　(c) C区平面

图2-13　A区、B区、C区、D区、E区、F区、G区、H区住宅组团

第一篇　绿色社区规划与住宅设计 017

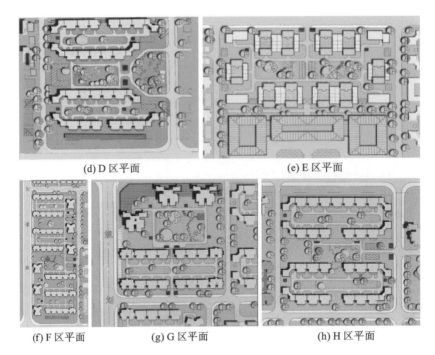

(d) D 区平面   (e) E 区平面

(f) F 区平面   (g) G 区平面   (h) H 区平面

续图 2-13

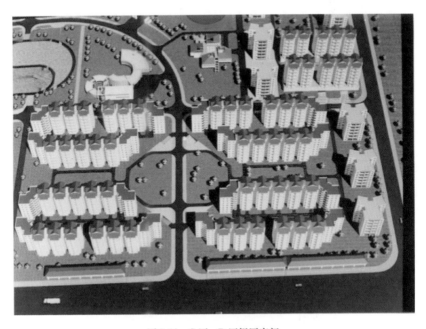

图 2-14 C 区、D 区组团空间

图 2-15　E 区组团空间

　　小区规划的中心绿地、组团绿地、邻里绿地，为住户就近提供了不同层级的室外活动空间。 小区中心绿地可以为不同年龄的人群提供不同的活动场地。 住户在绿地空间能够彼此了解，增强邻里感和归属感。

　　（3）规划设计完整的小区公共服务设施。

　　小区公共服务设施集中布置在中心区内。 它们与各住宅组团分开，以避免功能交叉。 中心区内布置有幼儿园、小学、社区中心及一个中心花园。 购物中心、商店等则沿着小区周边布置，构成了一个完善的社区级的公共服务系统。

　　此外，规划健全了小区内环卫设施和物业管理体系（图 2-16）。 规划在社区中心设置社区物业管理中心，在每一个住宅组团入口处设置组团管理中心，包括办公室、报信分理处、牛奶点、治安办公室等。 每一个住宅组团在路边设置 1～2 处袋装垃圾收集点。 整个小区的垃圾处理站设在东入口处，便于清运。 垃圾处理站靠近垃圾较多的自由市场，且远离住宅。 每一个住宅组团还设计了满足住户生活需要的便民设施，如便民商店、洗衣间、修理间及工具间等。 它们与住宅组团内的管理用房相结合，构成住宅组团的管理中心。 每个管理中心建筑面积为 200 m^2，一般为两层，上层为办公区，下层为便民设施区。

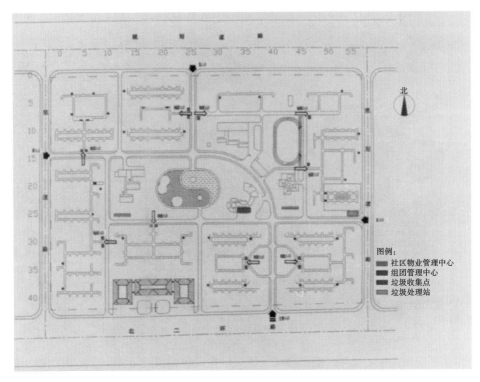

图 2-16　环卫设施和物业管理体系

2.5　开发空间，提高效益

通俗地讲，效益就是投入与产出之比。一个小区要做到投入与产出良性循环，小区的规划和设计无疑是关键的环节。要使小区建设达到社会效益、环境效益和经济效益的统一，经济效益是物质基础，是基本的条件。三个效益统一的核心是空间效益，也就是小区的开发效益。为此，规划设计要努力提高土地的开发价值，通过科学、合理、精心的规划设计，开发更多的可使用的空间。规划设计不仅要研究每平方米的效益，更要重视每立方米的效益。

开发空间首先要重视地下空间的开发。为了提高环境质量，开发地下空间势在必行。现在我们对开发地下空间的认识明显不足。随着机动车的增加，交通问题越来越突出。 我们应该尽可能把停车空间乃至车流空间置于地下层或半地下层，将地面留作绿地，留给住户活动。 同时，我们也可考虑同一块土地不同功能同时使用，或在不同时间将同一块土地用于不同功能。 在该小区规划中，停车空间基本设在地下或架空层，中心广场底部空间全部作为地下停车场。

2.6 创建多样化适应性住宅

住宅设计不是一味追求建筑面积的扩大，而是坚持以中小户型为主，着力发挥空间的使用效率。 我们设计的户型建筑面积一般"两头小，中间大"，以90～100 m^2 的户型居多，60 m^2 以下和120 m^2 以上的户型较少。 为适应商品化住宅不同层次消费者的需要，我们在设计中增加住宅套型，提供了10 多种户型单元平面和20 种套型平面，而且大多数平面灵活可变。 除了高层和多层住宅，我们还提供了退台式的院落住宅、两代人住宅及老年人住宅。 住宅采用支撑体住宅设计理论，提供骨架支撑体平面（图 2-17），为住户参与创造条件。 部分住宅还采用了高效空间住宅理念，利用错层大大地提高了空间利用率，有利于节约土地、节约资源。

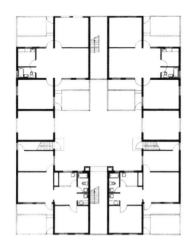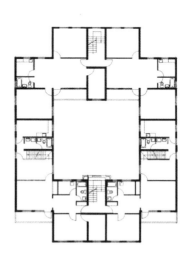

图 2-17 支撑体住宅平面

续图 2-17

多层住宅多为 6 层。 但考虑以后可能需要增加电梯，设计参考了我国台湾 4 层以上住宅必须要设置电梯的规定。

住宅都是南北向布置，各户都有南向房间，并且都有较好的自然通风条件。 我们设计了一梯 6 户的 18 层高层住宅平面，做到每个房间全部为自然采光通风。 每户都有南向的房间，同时也可灵活分隔，做成三维可变的高效空间住宅，有利于节约能耗（图 2-18）。

注：参加本工程建筑设计的研究生是高丹。

图 2-18　高层住宅平面

3 源于环境 融于环境 创造环境

——南京月牙湖花园小区规划设计

3.1 工程概述

由南京栖霞建设集团开发的月牙湖花园小区为全国"2000 年小康型城乡住宅科技产业工程"示范小区。 月牙湖花园小区于 1999 年 11 月通过验收，被授予"国家小康住宅示范小区"金牌，并获得规划设计、室内装修、科技进步、工程质量、环境质量及物业管理六项全奖。 在 1997 年 7 月建设部（今住房和城乡建设部）举办的百龙杯"新户型时代"全国精品户型设计评比中，该小区住宅获得套型设计金奖。 该小区建成后，参观的人络绎不绝。 该小区广受消费者欢迎，短期内全部售完，产生了较好的社会效益和经济效益。

3.2 源于环境、融于环境

月牙湖花园小区是我们在住宅小区建筑创作中第一个重要的设计工程，因为它是南京市第一个 2000 年小康型城乡住宅科技产业工程示范小区，也是南京城市发展在向城东推进的过程中，最早"突围"城墙到城外建设的一个住区工程。 它坐落在中山门外新开辟的南北向的苜蓿园大街上。 场地东邻苜蓿园大街，西临月牙湖。该湖为南京城东护城河，因河道弯曲形似月牙而得名，位于南京东郊风景区内。 明代古城墙紧贴其西，是世界上现存最长、规模最大、保存原真性最好的古代城墙，承载着厚重的历史。南京的山、水、城、林的特色，该小区兼而有之，东望紫金山，西揽月牙湖，可谓得天独厚（图3-1）。

图 3-1 月牙湖公园景观

月牙湖花园小区曾经是一片菜地，地势平坦。我们要充分利用这样得天独厚的环境优势，不仅要把小区规划设计做好，而且要使月牙湖更美，使城市环境更美。我们不仅要为今后生活在这里的住户创建美好的宜居环境，让他们尽情享受月牙湖的湖色景观，而且也要为月牙湖东岸创造美丽的景观，使月牙湖环湖景观成为一个有机的整体。我们在规划时，将场地西侧红线设计在月牙湖水岸边，没有提出绿线要求。我们曾想，湖的东岸应该是公共资源，不宜将公共资源归某一小区私有。这是不符合可持续发展思想公平性原则的。但当时规划部门并未提出这个要求，开发商就没有放弃这条岸线的土地使用权。在这种情况下，我们做了一个前瞻性设计，为以后可能将它纳入公共领域，让公众共享，让月牙湖环湖道路通畅，变为一个完整的月牙湖景区提供条件（图3-2）。为此，在小区总体规划时，一方面，我们将月牙湖景引入小区，将场地西侧湖边设计为大面积的开放空间，同时将小区的入口主轴线设计为垂直于月牙湖，从主入口到湖边空间都是敞开连通的。 人们的视线都可东西贯通。 人们从东入口进入小区就可一览无余地看见对面的湖景甚至古城墙。 另一方面，我们又在小区的西边沿着湖岸线规划设计了一条南北向的湖滨景观道（图3-3），将其作为小区住户散步、健身、观景的休闲地带，与月牙湖西岸线遥遥相对。 这条湖边景观道南北两头是开敞式的，仅做了围栏。 如果今后月牙湖公园的建设需要将月牙湖东岸也划归公共领域，只要把这条景观道南北两端围栏打通，就能把东西两岸环线连贯起来。 居住在月牙湖花园小区的住户仍然可以在这条景观道上散步、观景。 为了安全和管理方便，在景观道的东侧适当地点设围栏，就可把月牙湖与小区隔离。

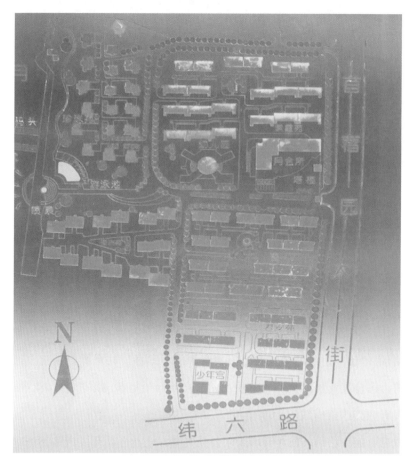

图3-2　月牙湖花园小区总平面

图 3-3　月牙湖花园小区西侧湖滨景观道

　　为了创建月牙湖东岸的景观，我们有意在此创建一个开放的空间，并且尽力把它做大，使其像公园一样。 为此，我们使建筑物尽量退让，并使低层的别墅组团紧临布置，多层住宅尽量集中向东、南两面布置。 这个带形的开放空间里布置着绿地、健身设施、喷水池及室外游泳池等公共活动场地。 从月牙湖西岸看到的东岸是充满绿色和活力的开放空间。 月牙湖公园东面景观如图 3-4 所示。 月牙湖花园小区与月牙湖公园两者融于一体，也就是源于环境、融于环境。

图 3-4　月牙湖公园东面景观

3.3 "一三五"的总体结构布局

鉴于月牙湖花园小区优越的地理位置，我们把它定位为高档住宅小区。小区内建筑以多层住宅为主，建设有少量别墅。根据场地条件和小区建设目标，我们确定了"一三五"的总体布局的构想，即"一轴、三层次、五组团"的总体布局（图3-5）。"一"就是一条东西向主轴线，是这个高档住宅小区的"主心骨"；"三"是指小区室外公共空间分为三个层次，即城市共享空间、小区共享空间、组团共享空间；"五"就是小区设计了五个组团。为实现一个目标，即创建一个与城市融合的小区，三者是一个整体。

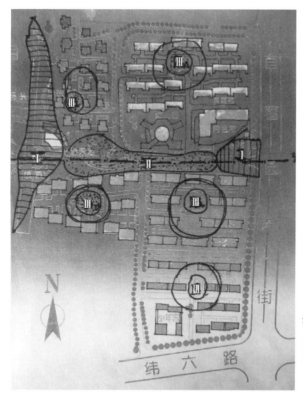

注：
Ⅰ—城市共享空间
Ⅱ—小区共享空间
Ⅲ—组团共享空间

图3-5 "一三五"空间构架

小区室外公共空间划分为三个层次。 首先是城市共享空间。 我们设计这个空间是为了让住宅小区不那么封闭，让小区融入城市。 出于这一设想，我们在总平面设计中把小区的主要入口设在东侧的苜蓿园大街上，并设置两道门，两道门之间就是城市共享空间（图3-6）。 非本小区的人可以进入此空间，如购物、进餐、健身和参加活动。 我们在小区西侧临湖位置设计了城市共享空间——景观道（图3-7），并在景观道的东侧设置大片绿地及健身休闲场地。 这条景观道可以改造为月牙湖东边的环湖道，供市民共享。 这里的绿地景观也能成为城市共享空间。 通过这样的设计，这座小区与月牙湖和谐、相融、共享。

(a) 东入口城市共享空间1

(b) 东入口城市共享空间2

图3-6　城市共享空间

(a) 小区西侧临湖城市共享空间1

(b) 小区西侧临湖城市共享空间2

图3-7 临湖城市共享空间

　　小区室外公共空间第二层次是小区共享空间。这个层次的空间以东西向的主入口轴线为中心，设置在东西两端城市共享空间之间、南北5个住宅组团中部。5个组团的住户都能在3~5分钟内到达此处。对内5个组团之间联系方便，对外两个城市共享空间相连相通。走在苜蓿园大街的人能看到月牙湖的景观。月牙湖西侧的游客也能观赏月牙湖花园的景观。这样的空间安排有利于月牙湖小区与城市交融（图3-8）。

　　这个小区共享空间内布置有广场、幼儿园、游泳池、漫步道、绿地雕塑、健身场地、综合活动场地和儿童游乐场等，为不同年龄的人提供可选择的活动场地：幼儿园的孩子可以在此做游戏，老人可以在此休闲、聊天、健身等（图3-9）。

(a) 轴线东端所见景观

(b) 轴线西端所见景观

图 3-8　小区主入口处见到的月牙湖花园景观

(a) 广场

图 3-9　小区共享空间

(b) 幼儿园

(c) 游泳池

(d) 漫步道

续图 3-9

(e) 绿地雕塑

(f) 健身场地

(g) 综合活动场地

续图 3-9

(h) 儿童游乐场

续图 3-9

　　小区室外公共空间第三层次就是组团共享空间。 全区分设 5 个组团，其中 1 个是别墅组团，共有 17 幢独立别墅，均为两层。 另外 4 个组团为 4～5 层的单元住宅组团。 每个住宅组团布置 6～8 幢 4～5 层的单元住宅楼，都是一梯两户，但未设电梯。 每个住宅组团内都设计有公共绿地，将其作为共享空间。 面积较大的绿地、建筑小品及雕塑等为住宅组团内的住户共有。 住宅楼围绕着组团共享空间布置。住户下楼后 3 分钟之内就可以到达此地，较为方便（图 3-10）。

(a) 绿地

图 3-10　组团共享空间

(b) 雕塑1

(c) 建筑小品

(d) 雕塑2

续图 3-10

3.4 低密度、高效率的空间组织

月牙湖花园小区用地面积为 $1.3 \times 10^5 \ m^2$，总建筑面积为 $10 \ hm^2$，容积率为 0.77，建筑密度不到 25%，楼层低。三个层次的室外公共空间占用很大的面积，因此小区内空间开敞、通透。

该小区为花园式高档小区，建筑密度小，但土地开发空间利用率较高，主要体现在两个方面。

一是充分开发地下空间或半地下空间。小区充分利用停车空间（图3-11），设有地下车库。全小区有 300 多个车位。

图3-11 小区车位

车位按照住户数的 50% 设置，比《2000 年小康型城乡住宅科技产业工程城市示范小区规划设计导则》中规定"应按照不低于总住户数的 20% 设置"指标要高出一倍多。这在当时是具有超前性的。同时还留有一定的发展余地，即把道路适当放宽，利用路边停车的方式，基本满足当时的需求（图3-12）。

图 3-12　路边停车

　　除了设置地下车库，住宅组团还将住宅的半地下室设为车库，大大提高了土地利用率。此外，底层利用半地下空间做成上下跃层的新套型，下层可作为健身房、工作室、储藏室等，大大提高了土地利用率，开发了更多的使用空间，而且还能自然采光（图 3-13）。

图 3-13　自然采光的半地下空间

二是注重屋顶空间的开发利用。住宅楼全部采用坡屋面，减少屋顶漏水，同时还利用屋顶隔热。由于套型平面进深较大，屋顶空间也较大，屋顶空间可作为居室、工作室等有效生活空间（图 3-14）。

图 3-14　屋顶空间开发利用

续图 3-14

3.5 开放性住宅套型设计

　　住宅套型是单元住宅分户门内每户单独拥有的空间，包括其空间组成、面积大小及空间布局形式。 套型设计实际上是一种生活方式的设计。 建筑师设计住宅要尽力为住户创造符合他们生活方式的各种形状、大小、数量的空间并联系各类功能空间。 可以说，套型内平面布局和空间组织设计是住宅套型设计的灵魂。 理想住房就是套型的空间组成、面积大小及空间布局形式能满足住户各种需要的住房。 但是生活方式是因人而异的，具有不确定性，这就给设计工作带来困难。 依靠传统的住宅设计模式是很难解决这个困难的，因为一个套型平面很难满足千家万户的需要。 这使我们必须改变设计观念，要创造条件让住户自己能参与设计，以满足他们各自的需要。 这就要推行开放建筑的设计理念。 住宅套型设计是能让住户按自己的意愿改变、再设计的设计模式。 创造一个"以不变应万变"的设计模式，这样设计的住宅才能满足不同家庭的需要。 月牙湖花园小区 A 住宅组团的设计就采用了这样的设计方式，设计了一种开放的套型空间体系（图 3-15）。 这个套型虽然采用砖混结构，但采用了 KP 砖承重异形柱和大开间现浇混凝土结构体系，有的空间界面是开敞的。 图 3-15 中起居室和卧室两个空间是用实墙分隔，还是用活动的推拉门分隔，甚至是作橱柜式或博古架式分隔，均可由住户自行设计。 又如起居室和餐厅、餐厅和厨房之间也是开敞贯通的。 这些地方如何设计就由住户根据自己的意愿决定，比建筑师单方面地去设计要好多了。 以这种可变性来适应不确定性，应是建筑设计的一个好策略。

(a) 南立面

(b) 北立面

图 3-15 月牙湖花园小区 A 住宅组团的平面、立面、剖面

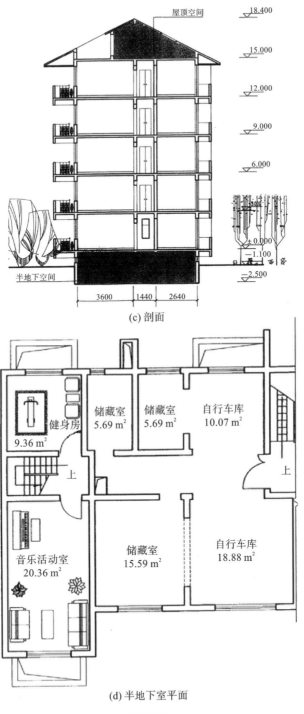

屋顶空间

18.400

15.000

12.000

9.000

6.000

半地下空间

0.000
-1.100
-2.500

3600 1440 2640

(c) 剖面

健身房
9.36 m²

储藏室
5.69 m²

储藏室
5.69 m²

自行车库
10.07 m²

上

上

音乐活动室
20.36 m²

储藏室
15.59 m²

自行车库
18.88 m²

(d) 半地下室平面

续图 3-15

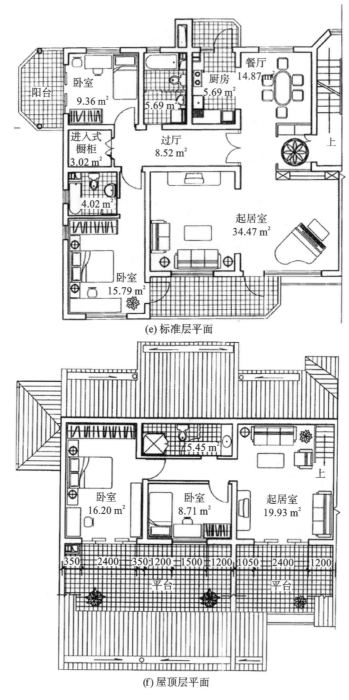

(e) 标准层平面

(f) 屋顶层平面

续图 3-15

此住宅当时采用砖混结构，受到结构的限制，可变空间有限，提供的弹性空间也是有限的。如果采用当今的材料、结构和技术，如框架结构、装配式轻型板材，那么开放建筑的理念和设计方法就更方便实现了。套型内除了上下水管道位置确定，其余空间都是灵活可变的。这样，住宅空间的灵活性就很强。住户根据自己的愿望设计，自然就能得到满意的家。

3.6　创建有标志性的小区形象

这个小区规划的目标是建成一个高档的花园式小区，并与城市融合，小区的外部形象自然成为被关注的一个问题。为此，首先利用组团式布局，两两组团之间利用城市共享空间和小区共享空间分隔，形成整体布局的空间节奏和临街、临湖天际线的高低变化。住宅楼都采用坡屋顶，屋面采用水泥彩色英红瓦，通过米黄色墙面形成材质和色彩的对比，建筑外形丰富又美观。建筑物窗户、阳台、栏杆样式的处理，更加丰富了建筑的形象，营造了住宅小区舒适、安静又活泼的氛围，给住户一种亲近感、归属感（图3-16）。

(a) 住宅小区外观1

图3-16　住宅小区外观

(b) 住宅小区外观2

(c) 住宅小区外观3

(d) 住宅小区外观4

续图 3-16

　　此外，东边主要入口处特意设计了一座钟楼式塔形建筑，与两层高的平屋顶会所组织在一起，成为小区的标志性建筑。物业管理就设在此处（图3-17）。

　　说明：该小区前期由东南大学开放建筑研究发展中心主持规划设计；后期由东南大学建筑设计研究院设计完成。

图 3-17　钟楼式塔形建筑

4 第一个生态住宅小区试验工程
——扬州新能源生态住宅小区规划设计

4.1 工程概述

1999年我们申请了《生态住宅建设综合研究与开发》研究课题，得到了建设部（今住房和城乡建设部）、科学技术部和国家自然科学基金委员会、江苏省科学技术委员会的同意和批准，并得到了研究资助基金。当年，我们就开始进行《可持续发展住宅与生态技术集成化研究》课题研究，并与扬州新能源房屋开发有限责任公司合作，在扬州开展了规划、设计和建设。该工程是《可持续发展住宅与生态技术集成化研究》的承载实体，也是产、学、研三结合的工程。我们希望通过研究和生态小区的试验建设，将生态学的观念和原则，有选择地、因地制宜地引入城市及住宅小区建设实践，将可持续发展与人居环境紧密结合起来，建设一个可持续发展的住宅小区。

扬州新能源生态住宅小区——栖月苑，位于扬州西部高新技术区内（图4-1），是邗江区美琪居住区建设的一部分。新能源生态住宅小区靠近美琪居住区中心，规划占地面积为 $1.13 \times 10^5 \ m^2$，规划总建筑面积约为 12 hm^2，容积率约为1.1。

这个新能源生态住宅小区规划遵循生态建筑、绿色建筑和可持续发展建筑的思想原则和方法，努力打造一个对环境亲和的，减少能源和物质资源消耗的，舒适、健康、和谐、安全的新型社区，具体体现在以下几方面。

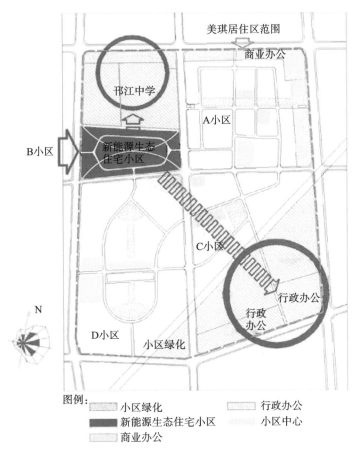

图例:
░ 小区绿化		▒ 行政办公	
■ 新能源生态住宅小区		▓ 小区中心	
▓ 商业办公			

图 4-1　扬州新能源生态住宅小区——栖月苑区位

4.2　结合自然资源条件进行规划设计

　　规划设计充分利用自然资源（土地、阳光、空气、水系及地下资源等），以达到节约能源、减少资源消耗的目的。 工程以低层住宅为主，多层及高层住宅为辅，形成多种类型住宅并存的新能源生态住宅小区。 建筑朝向多为南向，充分利用自然光。 规划中低层住宅位居场地中部，多层与高层住宅置于场地四周（图 4-2）。 多层住宅由外向内逐步退层（图 4-3），使每户均有良好的室外景观。 同时，为了充分利用自然资源，设计将东南风引入小区并减少冬天北风的侵袭，如图4-4～图4-6所示。

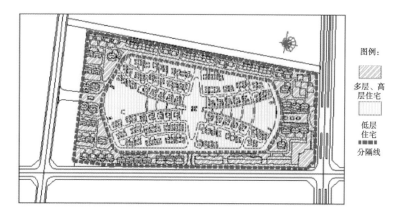

图例：

多层、高层住宅

低层住宅

分隔线

图4-2 空间分析

(a) 退层式多层住宅透视

通风道
太阳能集热片
喷水管

通风道

A—A剖面
B—B剖面

(b) 退层式多层住宅剖面

图4-3 退层式多层住宅

(a) 总平面

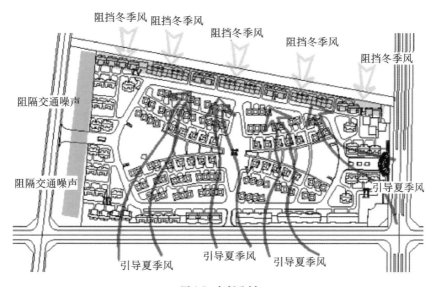

(b) 鸟瞰

图 4-4 小区规划设计

阻挡冬季风　阻挡冬季风　　阻挡冬季风　　　阻挡冬季风

阻挡冬季风

阻隔交通噪声

阻隔交通噪声

引导夏季风

引导夏季风　　　引导夏季风　　引导夏季风

图 4-5 气候分析

图 4-6　小区实景

　　此外，为有效地保障每户的日照，该新能源生态住宅小区多层和高层住宅日照间距采用 1 ∶1. 25，低层住宅的日照间距大于 1 ∶1. 25，并且前后间距不小于 15 m，既节约用地，也为每户留有小花园，还能避免视线的干扰。

4.3　充分利用太阳能和地热能

　　新能源生态住宅小区规划充分利用太阳能、地热能等，使新能源生态住宅小区的新能源利用率至少达到 10%，主要技术包括以下 4 个方面。

1. 太阳能热水系统

　　集中设置太阳能热水器，常年为每户提供生活热水（30～60 ℃），并使太阳能热水器与建筑一体化，形成太阳能热水系统。

2. 太阳能热风供暖和通风系统

　　太阳能热风供暖和通风系统是为小区主要公共建筑用房提供冬季采暖而设计的一种自然资源利用系统。其原理是在向阳的屋顶采用架空的金属薄板结构，让室外空气通过薄板下的空隙流过整个屋顶，进入储热空气室，然后将其引入房间和地下储热室，对室内供暖。

3. 太阳能-地热能复合系统

新能源生态住宅小区的低层住宅设计有一种新型的太阳能-地热能复合系统。该系统常年为住户提供生活热水，夏季为每户提供 3 kW 的制冷功率，冬季为每户提供 1 kW 的采暖功率。

4. 太阳能电池-蓄电池系统

采用太阳能电池-蓄电池系统，将白天的太阳能转换为电能储存在蓄电池中并输出。该新能源生态住宅小区拟在主要景观大道上安装太阳能路灯。

4.4　太阳光的利用

太阳能是取之不尽的能源。太阳除了提供热能，同时还提供太阳光。对太阳光的利用也是这个新能源生态住宅小区规划设计努力追求的目标。利用太阳光镜面反射技术和光导纤维技术，将太阳光反射到地下停车库、不能开窗的卫生间及一些暗房间，使其获得太阳光，从而节约电能。可使用 400 mm 的太阳光采光镜面和一个光敏传感器（图 4-7），使镜面自动跟踪太阳，将太阳光射入室内所需区域。经过精心的设计，这种技术可以实现"南光北调"，让住宅北面的房间都能受到太阳光的照射，从而提高室内热环境的舒适度。

此外，住宅设计也采用了阳光房（green house）技术，部分住宅的南向阳台做成大面积的玻璃房（即阳光房），让太阳光直接射入而将空气加热。这个阳光房可以用来栽培低矮的草本植物，既美化环境，又利用植物的光合作用产生氧气，调节室内空气环境，如图 4-8 和图 4-9 所示。

该新能源生态住宅小区还采用了地下室烟道通风系统，利用地下室较恒定的空气温度（夏季低于地面温度，冬天高于地面温度）的特性。在多层住宅每个单元设置竖向通风井墙系统，对地下室空气进行过滤与净化，并通过屋顶通风道的风机将地下室空气引入每户（图 4-10、图 4-11）。

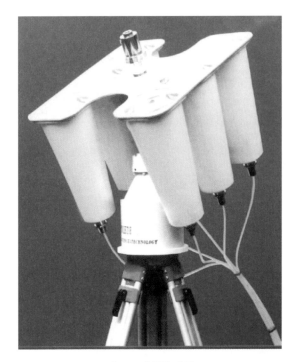

图4-7 光敏传感器

图4-8 太阳光的利用——阳光房设计

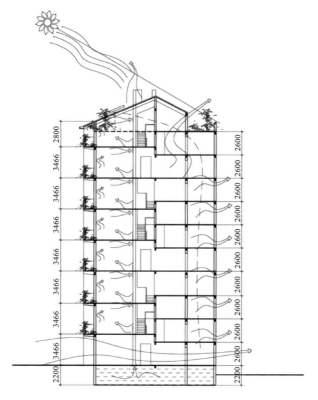

图 4-9 自然通风

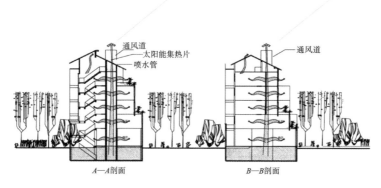

图 4-10 地下室烟道通风系统示意

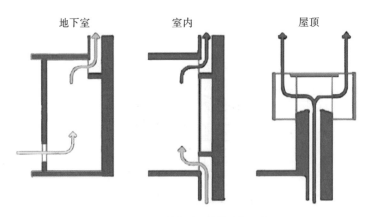

地下室   室内   屋顶

图 4-11　设置竖向通风井墙系统示意

4.5　集约化土地利用

"生态"一词包含着节约资源的经济性原则。 生态住宅应该是经济的住宅，应坚持集约化设计的原则。

这个新能源生态住宅小区坚持集约化设计，首先体现在它的高效性。 设计要尽量减少建筑活动过程中的能量及资源的消耗，其中重要的一项就是节约土地，并提高土地的利用率。 为此，我们开发小区中心绿地下方空间，将其作为地下车库，又把太阳光引进地下车库，结合中心绿地上方的建筑小品，设计组织地下车库自然通风，减少人工照明和机械通风，从而节约运营中消耗的能源（图 4-12）。 小区入口大门的顶部仿覆土建筑，结合绿化进行设计，以体现建筑"占地又还地"或"占天不占地"的理念。 该小区的活动中心设计也应用了"一地多用"的理念，将活动中心的地下设计为车库，利用传统的"挖池堆山"的方式，在其屋顶上覆土堆山，构成自然山水景观；又在覆土层顶上设置网球场，一地三用，充分体现集约化土地利用的目的（图 4-13～图 4-15）。

图4-12 中心绿地上方的建筑小品——地下车库自然通风口

(a) 地下车库出入口

(b) 地下车库1

图4-13 中心绿地下方的地下车库

(c) 地下车库2

(d) 地上采光口1

(e) 地下车库采光口2

续图 4-13

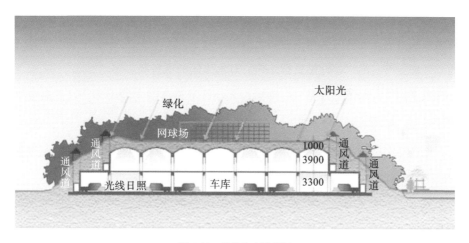

图 4-14　集约化土地利用

图 4-15　覆土式的活动中心

4.6　水系的利用

扬州新能源生态住宅小区规划设计集中了当代较先进的水资源利用技术，包括地下水、雨水、污水及中水回用技术。

地下水的利用主要是对地下水水温的利用，将地下水水温转化成地热，应用于供暖空调系统，也可用于地下室自然通风。

雨水利用采用雨水收集和截流式分流制排水系统。初期雨水进入截留并汇入污水管道系统，进入处理站处理，后期雨水越过截留，流入小区河道。该系统比完全分流制处理完善，污水处理站负担不重，对水体保护更有利。

污水全部进入地下处理站，处理后进入小区河道作稳定塘处理，过滤后分别用于浇灌绿地、喷洒道路、冲洗厕所等。

地下污水处理站采用厌氧/好氧（A/O）+稳定塘+过滤系统处理。厌氧/好氧工艺设施均设在地下，以免占地和影响环境。

在此小区场地北面有一条水渠。建设单位原本准备将其填平，以扩大用地。我们坚持将它保留下来作为景观，也作为回水处理地。我们在该水渠两边做毛石驳岸，水渠内培养水莲花等水生植物，并放养观赏性鱼类，形成良好的食物链，使水渠成为景观河（图4-16）。

图4-16　建成后场地内水渠的环境效果

4.7　绿化系统规划利用

新能源生态住宅小区采用开放式纵横交叉的绿地系统。中心绿地由东、西两端连续大面积的形似银杏片的完整绿地和南北向玉兰花瓣似的带形绿地共同组成。

　　中心绿地与小区东南、西南、东北、西北四处的住宅组团绿地相通，同时与环形林荫道共同形成点、线、面结合的小区整体绿化系统。所有住户都能方便抵达，体现出可持续发展的共同性和公平性的原则。

　　中心绿地极力营造自然山水环境。各类绿地除种植草坪外，多用乔木。因为高大的乔木生态效率比草坪高，也有利于水土保持。

　　中心绿地边界规划为环形水系，与低层住宅区形成自然分隔，住户也可方便到达（图4-17）。

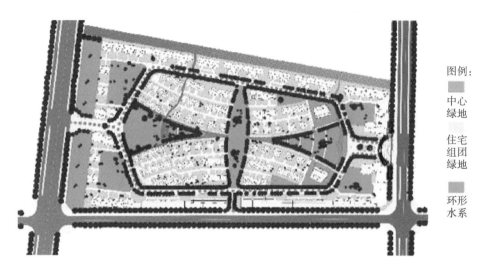

图例：

■ 中心
绿地

住宅
组团
绿地

■ 环形
水系

图 4-17　绿化系统

4.8　智能化技术的应用

　　该小区规划建立了智能化小区管理系统，分为计算机物业管理系统、公用设备管理系统及家庭管理系统。

　　计算机物业管理系统包括房产管理子系统、收费管理子系统、房屋信息查询子系统、办公自动化系统以及小区公用设施维修管理子系统。

公用设备管理系统包括配电、水、气等公用设施的状态信号采集，实现公用设备情况的集中显示、分散控制。

家庭管理系统包括信息采集、烟雾报警、医疗、险情求助、社区服务及可视对讲系统。

4.9　组建跨学科的研究设计团队

可持续发展建筑涉及的专业知识和技术广泛，包括社会、经济和生态环境等。因此，今天的建筑规划与设计工作不能像传统设计方式那样，必须与其他专业的专家合作。建筑师一方面要有意识地学习、了解、熟悉相关学科的知识，另一方面要突破传统专业知识的局限，积极主动地走多学科交叉的道路，通过跨学科的结合实现建筑可持续发展的目标。

在这个生态住宅小区的规划设计中，我们与多个单位共同研究、协同工作，遵循可持续发展原则进行规划设计。在整个规划设计过程中，我们组织了多次专家论证会。来自全国的多学科相关专家对我们提出的各个方案进行了充分的讨论。经过多次修改，我们完成了最后的方案设计。这也是第一次实行跨学科的研究与设计，是社会公众参与的新方式。

扬州新能源生态住宅小区——栖月苑是科学化、生态化和人性化设计的小区，是适应21世纪的新型住宅及住宅社区。希望通过我们科学的规划设计及实施，该小区能对自然生态环境更具亲和性，对物质资源的利用率更高，对住户来说更舒适、更健康、更安全。未来的住宅争取成为"六自"住宅：①与自然环境共生共存；②住户自主参与设计；③能耗自给自足；④生活垃圾"自生自灭"；⑤雨污水自理；⑥自动化智能管理。

遗憾的是，由于某些原因，我们未设计建筑施工图。设计方案中原本构想的很多生态设计策略并未实施。幸运的是，我们设计了总体规划及地下部分的施工图，设计原意基本实现。小区外貌见图4-18。

图4-18　小区外貌

注：参加本工程建筑设计的研究生是张彧、仝辉。

5 一个高层住宅小区的规划与设计

——南京凯悦天琴花园小区规划与设计

5.1 工 程 概 述

凯悦天琴花园小区建于南京市白下区大光路西端，北临大光路，西临城东干道龙蟠路，南临秦淮河，东、南两边为规划的城市支路，总用地面积为 5.1 hm²，其中一期用地面积为 3.3 hm²，二期用地面积为 1.8 hm²。该地块紧靠南京市的快速南北主干线——城东干道，能直接通达南京禄口国际机场、南京南站，交通极其方便。此外，该地块附近有东水关公园、裘家湾街心花园、通济门市民广场、西通夫子庙，临近秦淮河风光带，具有建设城市高档社区的优越条件，因而有很强的升值潜力。该小区于 2001 年开始规划设计，2002 年开工建设，2004 年第一期工程建成。地上总建筑面积为 87187 m²，总住户 691 户，一期容积率为 2.64，建筑密度为 20.9%，绿化率为 58.0%，停车位为 300 个（图 5-1）。

图 5-1 凯悦天琴花园小区鸟瞰

这是我们接受的第一项住宅楼全部为高层的住宅小区规划，也是南京市最早规划建设的纯高层住宅小区。所以我们特别重视这项设计任务，抱着学习、研究的态度进行这项工程的规划设计。

5.2 高层住宅的设计思考

　　住宅小区的规划设计直接关系着住户的生活。设计者要把自己作为小区未来的住户，设身处地地思考规划设计问题。因此，如何为住户着想，为他们规划、设计、创建一个舒适宜人的环境，是设计者自始至终必须考虑的一个根本问题。这就是必须坚持以人为本的基本设计原则。这里的"人"，就是这个小区未来的住户。

　　高层住宅小区是城市化后，城市人口迅速增加，城市用地紧张而导致的，并迅速发展为一种新的居住模式。尽管在20世纪80—90年代，国内学术界曾对高层住宅是否要发展的问题进行过激烈的争论，但是高层住宅在全国各大、中城市仍然迅速发展，甚至扩张到中小城市乃至乡镇。作为设计者，从可持续发展角度来思考，我不赞成城市中绝大多数人都居住在这样的环境中，原因是让人居住在几十层楼的高层住宅，极不符合人类生活于自然中的天性，也不符合中国传统建筑的哲学思想，即"天人合一"。现在的高层住宅使人们的生活环境上不着天、下不着地，生活不着地，缺少地气，对健康可能是有害的，特别是对公共卫生有着潜在的危机，对老龄化社会更不合适。我曾在一篇已发表的文章中指出，21世纪可持续发展的建筑应该是回归自然的建筑。建筑要为人创造更多接触自然、融于自然、享受自然的机会，创造学习和工作的环境。建造那么多高层甚至超高层住宅是违背回归自然的倾向的。虽然设计者无法主宰建筑的方向，但是我们应该凭借自己的认知和责任感，从专业技术层面上采取一些"补救措施"，进行一种探索、一种尝试，表明一种观点。20世纪80年代，我在设计无锡支撑体住宅时，创建了院落+台阶式的多层住宅建设模式（图5-2），在南京中医药大学教工住宅设计中推行了台阶式的多层住宅设计模式（图5-3），在苏州公务员住宅小区设计中也提出了台阶式的高层住宅设计模式（图5-4），在安顺翠麓新屯堡规划设计中，提出过为每户创造"有天有地"的方案（图5-5），等等。

　　这些都一次次地表明我们的设计理念：为住户创造一个"有天有地"的居住生活环境。前两例都实现了，后两例未实施。无锡支撑体住宅采用2～6层的院落+

图 5-2　无锡支撑体住宅

图 5-3　南京中医药大学教工住宅

图 5-4　苏州公务员住宅小区高层住宅

(a) 效果图1

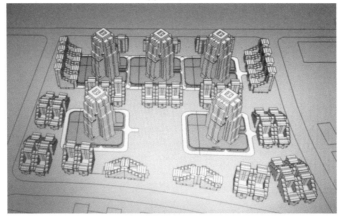

(b) 效果图2

图 5-5　安顺翠麓新屯堡规划设计

台阶式住宅，平均层数为3.3层，72.3%的住户都住在3层以下，83.4%的住户住在4层以下，为他们"下地"接触自然创造了方便的条件。此外，2层以上的住户有15 m² 以上的私家户外生活空间——屋顶小花园，底层住户每家有前后院落。这是我们推荐的一种新的城市住宅模式，它可以做到多层高密度。无锡支撑体住宅占地面积为8500 m²，总建筑面积为12100 m²，容积率可达1.42，建筑密度为27.53%。在苏州公务员住宅小区设计中，我也提出过台阶式的高层住宅设计模式，但未被接受，只能在有限的范围内尽量为这个小区创建一个比较合理、舒适的居住环境。

5.3　规划设计概念

首先，控制建筑的层数。我们不主张把住宅建得太高，坚持以16~18层的高层住宅为主。因此，在规划的11幢高层住宅中，16层高层住宅有7幢，18层高层住宅有2幢，14层高层住宅有1幢，9层小高层住宅有1幢，保证了90%以上的住户住在16层以下，让他们接触地面的机会更多（图5-6）。

其次，采用一梯两户的住宅单元设计，为每户提供南、北朝向的自然采光和自然通风条件，没有暗房间，让每户都能合理、公正、公平和最大限度地享受自然采光和自然通风。每户都有南、北阳台及储藏空间。每个单元设置两部电梯，保证和提高了居住质量（图5-7）。

整个小区平面均为一梯两户单元式，保证每户均有相同的自然采光和自然通风条件。前后排的间距都满足南京地区的日照要求（图5-8）。

再次，重视室外空间的创造。人们居住的层数越高，下楼活动的机会越少。然而，户外生活是必不可少的，尤其在南方，夏天炎热，傍晚人们习惯户外休闲活动，阳台是无法满足这些功能需求的。住宅建设的目的不仅在于为住户提供遮风避雨的室内空间环境，而且要为住户创造舒适的、足够的，能满足不同年龄段、不同类型住户的室外活动空间环境。因此，我们在规划中极力扩大室外空间，创建供住户室外休闲活动的场所，让住户能更多地在室外接触自然，享受自然。小区的绿化

图 5-6　总平面

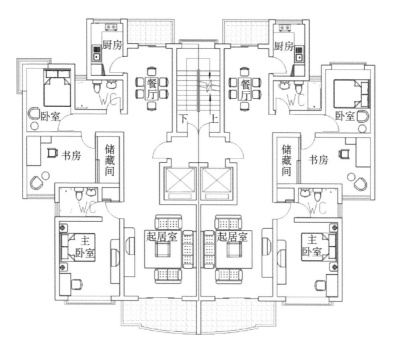

图 5-7　住宅单元平面

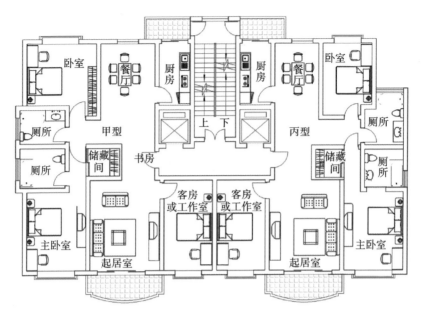

续图 5-7

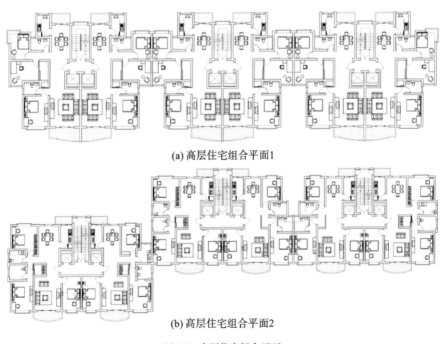

(a) 高层住宅组合平面1

(b) 高层住宅组合平面2

图 5-8　高层住宅组合平面

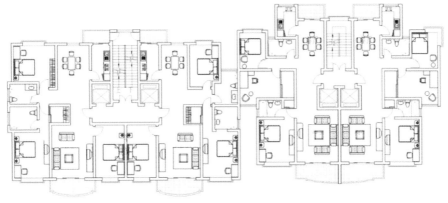

(c) 高层住宅组合平面3

续图 5-8

系统以点、线、面结合的方式，形成一个开放式的绿化环境。 在总体布局上，10 幢高层住宅分东、西两行布置，南北围合，形成了一个面积大的中心绿地，通过两个步行入口与城市干道相连，这是全小区共享的室外空间环境（图 5-9）。 此外，利用高层住宅楼南北间距大的优势，在每两幢高层住宅楼之间布置公共绿地，供邻近的两幢楼内的住户使用，这可称为半公共的室外空间。 两幢楼内的住户下楼后可直接进入此绿地。 绿地中布置有草坪绿地、活动场地及花卉、铺地小品、休息座椅，等等。 此外，我们还在北面主要人流入口处设计了一个圆亭，中间为圆形的喷水池，将其作为一个入口广场或门厅（图 5-10）。

最后，为了坚持以人为本的设计理念，在汽车进入中国家庭的时代，处理好人与车的矛盾，避免汽车运行对居住环境的干扰，为住户创建安全、安静、方便、舒适的居住环境。 该小区规划采取人、车分流的交通组织以及人流、车流立体设计方式，"车在地下开，人在地上行"，保证人在地面上活动的安全，避免汽车运行时的噪声和尾气对住户的生活产生干扰，把地面空间作为住户的活动空间，并且把车流和人流出入口完全分开。 人流的主要出入口规划在北面的大光路上和西面的城中干道上；车流出入口则设计在场地东侧的支路上，两者绝对分流。 南面为二期工程，将设置一个次要人流出入口（图 5-11）。

小区内停车场集中设置在中心绿地下部的地下停车库，总共有近 300 个停车位，既可以满足近期的需求，又保留了远期发展的余地。

图 5-9 室外空间环境规划

图 5-10 小区入口景观

图例：■ 小区车流
　　　■ 小区人流

图 5-11　交通规划

为了方便住户用车，地下停车库设置了通向每个住宅单元的出入口，既方便住户使用，又避免了机动车对住户的干扰。 自行车、电动车停放在半地下室中。

小区内部采用纯步行系统。 设计时有意强化步行系统，并使步行系统和绿化系统相互渗透，形成完整的步行道路系统，保证步行者，尤其是老人、儿童，有充分接触和交往的机会。 这些都体现了以人为本的规划设计理念。

5.4　建筑单体设计

1. 套型设计

整个小区的住宅套型根据房地产市场需求确定其比例及套数，以一梯两户的单元式高层住宅及小高层住宅为主,拼成板式高层住宅。住宅之间的日照间距满足规划要点1:1的要求。

2. 住宅剖面设计

每幢住宅楼均设地下室一层或半地下室一层,其中01幢和02幢紧靠大光路,地面上一、二层为商业用房,地下室一层作人防工程;其余的住宅楼均设半地下室一层,高出地面1.2 m,作为自行车停放处及储藏等家用房间;各幢住宅楼的顶层均作为跃层。设计充分利用屋顶空间,开辟屋顶花园。

3. 消防、人防

(1)消防。

高层住宅01、02、03、04、05、07、08幢为18、16、13层,每单元设2台住宅电梯(850 kg),其中一台兼作消防电梯;另有一台消防楼梯与电梯共设消防前室,配乙级防火门。07幢一部分为21层(C1单元),设两台电梯(一台兼作消防电梯),一对剪刀楼梯。06幢为11层单元式高层住宅,设一台电梯(兼作消防电梯),一台疏散楼梯,设乙级防火门。

上述01~08幢高层住宅中,相邻单元的两个阳台连通,可安拆混凝土隔板;错接单元相邻处加相连通道,三个单元组合的住宅楼梯通过屋面相连,屋顶设消防及生活共用水箱,消防前室内设双栓消火栓,管道设正压送风装置。

地下车库设在建筑物之间的绿地下部,建筑面积为8000 m²,划分为4个防火分区,地下车库设有2个出入口坡道(坡道宽7.0 m)。住宅地下一层均为自行车停放点,由单独坡道出入。

(2)人防。

01~08幢高层住宅地下二层均作人防工程(6级),建筑面积为6000 m²,地下车库使用可结合实际情况。

4. 建筑形式

该地块位于城市主干道的交叉口,地理位置十分重要,因而建筑形体高低错落,风格统一又有变化。建筑采用富有人情味的暖灰色,并用白色涂料收头,立面呈传统的三段式处理,沿街底层采用花岗岩柱廊,总体风格以新古典主义为基调。

建筑真正融入城市，成为城市空间的一个有机组成部分（图5-12）。

图5-12　建筑形式

注：参加本工程建筑设计的研究生是朱忠新。

6 老建筑 新生命

——一个老厂房改造为住宅的工程设计

6.1 工 程 概 述

随着产业结构的调整和我国城市的高速发展，许多工厂企业面临着转型迁移的局面。废弃的老厂房促使城市建设者们思考如何发挥老建筑的作用，对老建筑进行改造和利用。对老建筑的再利用符合可持续发展建筑再利用原则。

20世纪90年代，南京市中心新街口西南角的绒庄街有一个生产塑料花的轻工业厂。因产业转型，老厂房被废弃。这时，南京日报拟在此建设住宅。那时，我们刚刚完成了一项高效空间住宅课题的研究，在南京市人民政府的支持下，由南京木器厂提供土地和资金，在南京木器厂内建了一幢两层的高效空间住宅（图6-1）。高效空间住宅建成后，南京媒体进行了报道。南京日报与我们联系，希望我们应用课题的理念和方法，把老厂房改造利用起来，为年轻记者提供居住地。

我们需要进行现场踏看调研，实地考察老厂房的现状、规模、结构形式、平面空间形态，以便我们思考是否有可能把这个老厂房改造利用起来而不是拆除，并满足他们的建设要求，使老厂房重获新生。

老厂房距离南京市中心新街口不到2 km，坐落在城市老旧住宅区中。这里街弄狭窄，其实是不宜设置工厂的。

这个工厂有三个四层厂房。其中一个厂房建筑面积约为1500 m²，是三个厂房中最大的一个。其他两个厂房面积较小，三者紧靠在一起（图6-2）。

三个厂房都是砖混结构，中间设柱。面积最大的一个多层厂房平面为一字形，设五开间，四个开间尺寸为5700 mm，明间尺寸为4600 mm，为交通空间。厂房进深为12000 mm，除首层外其余层高为3800 mm，空间开敞（图6-3、图6-4）。

(a) 高效空间住宅外观   (b) 高效空间住宅平面

图例：
- 辅助空间
- 私密空间
- 交通空间
- 公共空间

(c) 高效空间住宅支撑体内部空间

(d) 支撑体内安装可分体

(e) 可分体安装完成

图6-1　高效空间住宅

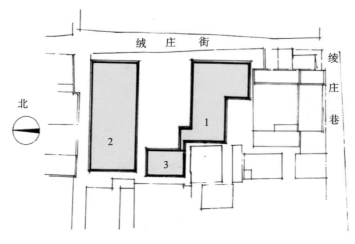

图6-2 工厂总平面

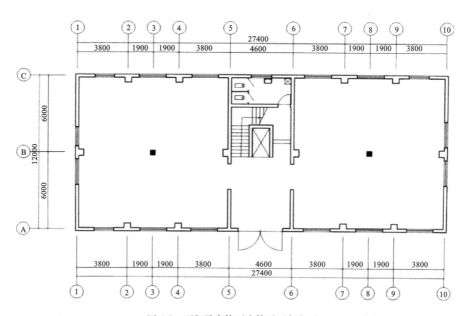

图6-3 面积最大的厂房的平面和立面

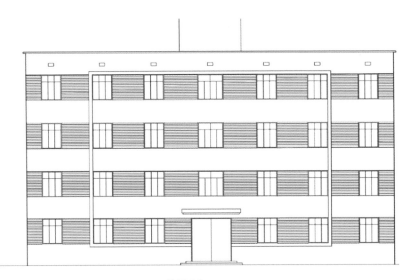

续图 6-3

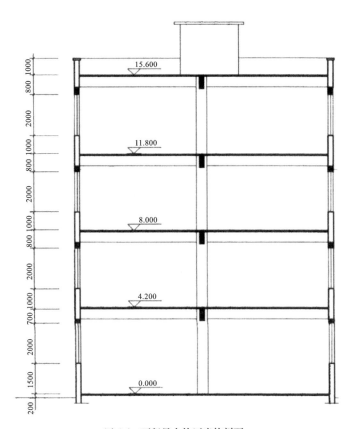

图 6-4 面积最大的厂房的剖面

我们考察了这个厂房的基本情况，初步认为可以应用高效空间住宅的理念和方法进行改造。它内部空间开敞，具有一定的灵活性，加上厂房开间较大，层高较高，这些都是有利条件。

6.2 应用支撑体住宅和高效空间住宅设计理念 与方法进行设计

按照 SAR 支撑体住宅设计理论进行二阶段设计和建设：第一阶段是设计建设支撑体，第二阶段是设计建设可分体。可分体在工厂制造，最后在现场安装。高效空间住宅设计理论就是应用人体工程学的原则，根据人的行为要求对住宅内不同功能空间采用差异化的空间高度的设计，在住宅规范限定的层高范围内利用三维空间设计方法，局部采用复式的空间组织方式，充分发挥住宅空间设计效益，在同样的建筑面积内可以提高 40%～60% 的使用面积，从而改变传统住宅二维设计的方法。二维设计仅在平面上进行房间功能布局，完全忽视立体空间的设计，住宅内部空间不分空间功能性质、不分面积大小，采用一刀切的办法。这样就会造成住宅内部空间"下面挤，上面空"的普遍现象。上面的空间远未得到充分的利用，从而造成建筑空间的浪费。我们初步分析，住宅室内空间至少有 1/4～1/3 的空间没有得到有效的利用（图 6-5）。高效空间住宅设计就是借助三维设计，将住宅内未被充分利用的空间尽量方便、舒适地利用起来。

为了提高住宅空间有效利用率，高效空间住宅设计采用仿造博古架的模式，采用"三高"理念设计。"三高"为三种高度，即人高、物高和房高（图 6-6）。

人高——人的行为（如站立、行走）所要求的高度，按照人体工程学的标准要求满足人生理空间高度的需要，保证人的行动方便自如。

物高——家具、设备（如电冰箱、洗衣机等各类家用电器设备）所需要的高度及人坐、卧的空间高度。

房高——层高，国家标准规定的住宅层高宜为 2800 mm。

按照博古架理念，高效空间住宅设计时使用"可高的高，可低的低"的原则，

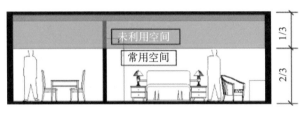

图 6-5　住宅室内空间使用状况

三种空间高度

H_1—人高（人站立、行走所要求的空间高度），2000～2100 mm

H_2—物高（家具的高度、设备高度及人坐、卧的空间高度），1500～1600 mm

H—层高，3600 mm

$H = H_1 + H_2$

图 6-6　住宅中的三种高度

对不同功能、不同面积的功能空间实行差异化设计。

"可高的高"——如起居室是家庭生活的中心，应具有最佳的空间环境，通常它的高度就是层高的高度。

"可低的低"——住宅内炊事空间、卫生空间、交通空间、收纳空间、晾晒空间乃至工作空间、睡眠空间都可以低一点，不一定要和起居室有一样的层高。 就以卧室为例，传统的卧室床上挂着蚊帐，有效空间是床架上蚊帐围合的空间，蚊帐上部空间和床底空间都未被利用（图6-7）。 高效空间住宅设计就是要把诸如此类不方便利用和未被利用的空间有效地利用起来。

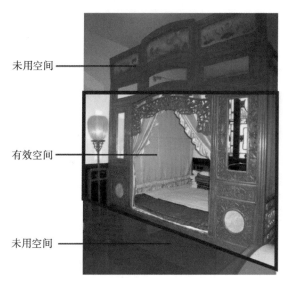

图 6-7　传统卧室空间分析

6.3　定制式的改造设计

根据厂房的情况，应用上述 SAR 支撑体住宅设计理论和高效空间住宅的设计理论和方法，我们对该厂房进行定制式的改造设计。 我们以面积最大的厂房改造为例，进行了以下工作。

1. 平面设计

首先改造设计的是支撑体。 老厂房就是支撑体，但要按照住宅功能要求对内部空间进行改造设计。 因此，我们将原来的厂房平面进行调整，对交通空间、卫生空间进行彻底改造，拆除楼梯、货梯及卫生间，设计垂直交通体系，以适应住宅使用的需要。 同时，将东、西两边的大空间，由原来的 2 个 5700 mm 的开间改为 3 个 3800 mm 的开间，以适应小户型设计。 这样每层就有 7 个开间，每个开间为 1 户，7 个开间就有 7 套住宅单元。 平面采用外廊式（北外廊）的布局，公共交通设在北面，楼梯设在中间，临外廊垂直布置。每户通过楼梯、外廊从北面入户（图6-8），每层7户。每户建筑面积为40～45 m²，有A、B、C三种面积不等的户型，但套型内的布局方式大同小异。在进深12000 mm的范围内，划分3个功能区，即南、中、北三区，起居室都布置在中区，炊事空间、卫生空间布置在北区，睡眠空间主要布置在南区（图6-9、图6-10）。剖面采用三维空间设计方法，按人体工程学的原理，将南、北两区设计为复合空间。南区下部空间可作睡眠空间、工作空间及晾晒空间，南区上部空间则作为睡眠空间；北区下部空间为炊事空间和卫生空间，北区上部空间为睡眠空间或工作空间（图6-11）。

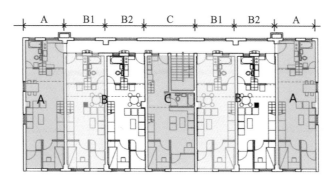

图6-8 住宅单元平面

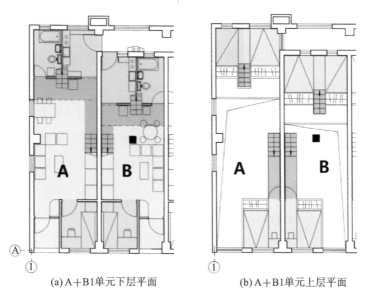

(a) A+B1单元下层平面　　　　　　(b) A+B1单元上层平面

图6-9　A+B1 单元平面

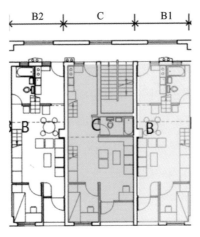

图 6-10 B、C 户型平面

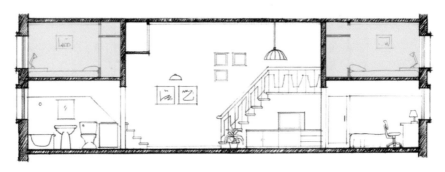

图 6-11 住宅单元剖面

在这个旧厂房改造设计中，我们应用了支撑体住宅设计理论和方法。旧厂房开敞的空间就是支撑体。我们对原来的厂房空间按照住宅的要求重新进行空间分隔和组合，划分居住单元，每开间一户，即一个居住单元。我们对单元空间内的住宅设计提出多种方案并建成样板房，让住户参照它进行设计和施工。因此同样的三维空间布局模式，建成后的空间效果是不一样的（图 6-12），就连楼梯的位置、形式、材料、色彩等都不一样（图 6-13）。有的住户半年以后又进行改造（图 6-14）。

这个工厂三个厂房均按照支撑体住宅设计和高效空间住宅设计理论与方法进行改造设计。面积最大的厂房加建了一层，即由四层改建为五层。其他两个厂房层数不变，都采用外廊式的平面布局，每开间一户。三幢厂房共设计了 65 个居住单元，提供了 65 套住宅。由于高效空间住宅采用了复式空间，它的立面外观与一般住宅不同（图 6-15、图 6-16）。

(a) 建成后的空间效果1　　　　　　　　　(b) 建成后的空间效果2

图 6-12　建成后的空间效果

(a) 楼梯位置与形式1　　　　　　　　　(b) 楼梯位置与形式2

图 6-13　楼梯位置与形式

图 6-14　住户进行改造

图 6-15　建成后外观 1

(a) 建成后的南面外观　　　　　　　　(b) 建成后的北面外观

图 6-16　建成后外观 2

　　20 世纪 90 年代初，旧厂房改造工程完成即投入使用。 一年后我们进行跟踪反馈调查，住户的认可度和满意度还是很高的。 1993 年，我的博士研究生，今日的深圳大学建筑与城市规划学院何川教授主持了这项调研工作。 调查结果在他 1994 年发表于《新建筑》的《住宅建设新模式与支撑体高效空间住宅》一文中。 他将调查工作安排在九月份进行，目的是考察这种新模型的住房能否经得起南京"火炉"的考验。他给住在住宅 1 号楼的 35 户都发了调查表，收回 28 张，收回率为 80%。调查特别关注高效空间住宅这种模式的自然通风情况如何，房间高度住户能否接受，卧室小、低、多且都位于空间上部能否被认可等问题。调查结果列于表 6-1～表 6-3 中。

表 6-1 房间自然通风问题调查

房间名称	评价						备注
	很好		一般		不好		
	户数	占比/（%）	户数	占比/（%）	户数	占比/（%）	
起居室	24	85.71	4	14.29	0	0	收回 28 份
卧室	17	60.71	10	35.71	1	3.57	收回 28 份
厨房	18	64.29	10	35.71	0	0	收回 28 份
卫生间	18	64.29	10	35.71	0	0	收回 28 份

表 6-2 房间高度问题调查

房间名称	评价						备注
	可以		不可以		不好		
	户数	占比/（%）	户数	占比/（%）	户数	占比/（%）	
卧室	20	71.43	5	17.86	3	10.71	收回 28 份
厨房	26	92.86	0	0	2	7.14	收回 28 份
卫生间	26	92.86	0	0	2	7.14	收回 28 份

表 6-3　空间布局形式调查

调查问题	评价						备注
	喜欢		不喜欢		无所谓		
	户数	占比/（%）	户数	占比/（%）	户数	占比/（%）	
起居室高、大，卧室小、低、多	23	82.14	0	0	5	17.86	收回 28 份
卧室位于空间上部	24	85.71	0	0	4	14.29	收回 28 份

从调查可以看出，住户对高效空间这种住房模式基本上是认同的。 17.86% 的住户对卧室的高度不大认可，原因是由高卧室转向低卧室还不适应。 也有住户认为住久了就习惯了。 他们还对降低房间高度、增加卧室数量和使用面积感到满意。他们认为卧室位于空间上部相对安静不受干扰。 起居室高、大，卧室小、低、多的布置也同样受绝大多数住户青睐。

注：参加本工程建筑设计的研究生是冯三连、徐晓城。

7 有天有地住宅新探索

——贵州省安顺翠麓新屯堡规划设计

7.1 工 程 概 述

　　贵州省安顺市地处世界上典型的喀斯特地貌集中地区，也是典型的高原型湿润亚热带季风气候区，雨量充沛，冬无严寒，夏无酷暑，气候温和。翠麓新屯堡拟建于安顺市东南面尚待开发的新区（图7-1）。该地区北临贵昆铁路，也与其北部的黄果大道相傍。场地内有五座凸起的喀斯特地貌馒头山型，群山鼎立，山绿植茂，坝地平坦，适宜建房（图7-2）。这块占地面积为 1.45×10^6 m² 的新区要建成安顺市东南方向的新城区。

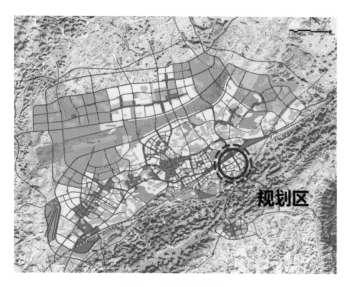

图7-1　翠麓新屯堡区位

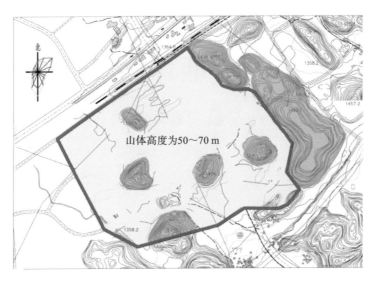

图 7-2　地形地貌

7.2　规划理念与规划目标

新区规划理念是将贵州特有的喀斯特地貌形成的馒头山型和页岩的地质特征作为住区规划设计的创作立意之源，将这个独特而具体的形象转化为该新区的设计理念，视页岩为建筑，通过建筑层次的变化来表现地形，让人造的住区环境与自然环境融为一体。

为此，我们的规划目标是设计一个自然的、地域的、低碳的安顺新屯堡，唤醒、保护、继承和发扬屯堡文化，创建引领绿色转型的、具有颠覆性意义的田园化新型住区。

具体而言，就是规划设计以人为本，以环境为中心，以自然为依托，力求人造环境与自然环境融为一体，构建人与自然和谐相处的人居环境。

以人为本就要充分考虑人的切实需求，更好地为城市服务，创建充足的条件和合适的环境。针对我国部分城市公共社会服务设施建设不充分、不平衡的问题，我们将该区域功能策划为综合功能区，以打造一个充满活力的生活工作综合区。土地利用规划见图 7-3。功能空间结构规划见图 7-4。

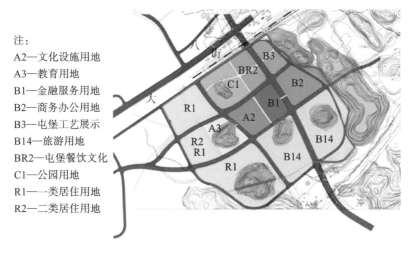

图 7-3　土地利用规划

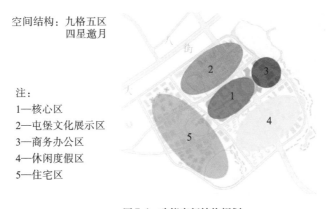

空间结构：九格五区
　　　　　四星邀月

注：
1—核心区
2—屯堡文化展示区
3—商务办公区
4—休闲度假区
5—住宅区

图 7-4　功能空间结构规划

7.3　新区规划

新区规划以环境为中心，以自然为依托。区域规划布局要统筹考虑地域的自然环境和人造环境，确立规划的章法，决定各个功能区的布局方位。该区内有五座金山。区域东有连绵山体将该规划区域自然围合。以自然为依托，围绕五座金山分区建新寨，规划建设新房。 在人造环境方面，场地东侧有一条通往市区和南连外埠的干道。 这样就确定两条主轴线，一条是南北交通轴线，另一条就是以山为景构成的东西走向的景观轴线（图 7-5）。 规划以两轴为经纬线，两轴聚焦处为该区域的核心体。

核心结构：
　　一核二轴

- 一核——城市立体空
  间综合体
- 二轴——交通轴线
  景观轴线

图 7-5　规划结构——双轴规划

　　此外，根据该地域内的路况及新区与城市的关系，规划一个内井外环的道路构架系统，内外四通八达（图 7-6）。

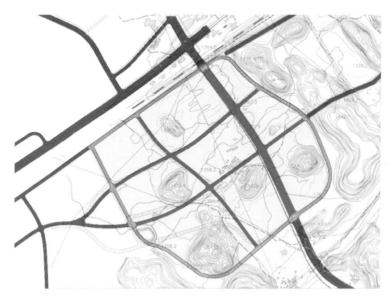

图 7-6　道路交通结构规划

这样，这个新区就是一个核心、两条轴线、内井外环的九宫格式的城市空间格局。规划又将山下环溪相连，构成完整的水系，使山水相连，产生步移景异的效果（图 7-7）。

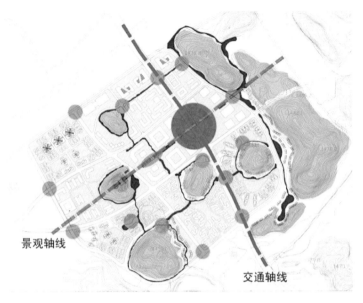

图 7-7　景观规划

7.4　建筑设计理念

为了适应国民经济绿色发展的要求，实现城市建设的绿色转型，在这次的住区规划设计中，我们对一些现存的规划设计观念和固有的形态进行反思后认为，有必要对它们实行转型。具体就是将城市型的住区转为田园式的住区，将火柴盒式的建筑形态转变为梯田式或馒头山式的自然形态，将城市中封闭的鸽子笼式的居住空间环境转变为开放的、自然的人居环境。也就是说将人造物自然化，将自然物人性化，做到"你中有我，我中有你"，最终将人造环境与自然环境融为一体，人与自然也就和谐了。

在设计调研时，我们看到当地住户家中的一副楹联，"面对青山千里秀，家居旺地四时春"。这样的居住环境就是当地人所说的"看得见山，看得见水"，"家家有景，户户观山"。 这样的田园环境自然是适宜居住的环境。 我们规划的新的住区就要继承并发扬它，把它从山区、从农村引入城市建设。

为了创建这种田园式居住环境，我们在构思总体规划时就明确要以环境为中心，以自然为依托，利用地块内外的六座山体构思总体布局，以联系主城的交通轴线和一条景观轴线为经纬线，构建景观结构。 将山水相连，使步移景异；将山水汇积，环山筑溪，环溪相连，构筑水系。 我们特别制定了一个完整的水系规划，创造了田园环境，背山面水，布置新房（图7-8）。 这样，住户能"看得见山，看得见水"，"家家有景，户户观山"。

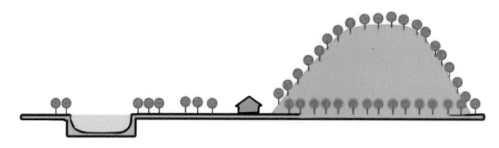

图 7-8　建筑与山水关系

为了创建田园式的居住环境，在建筑设计方面就必须对传统的火柴盒式建筑进行转型设计，将传统封闭式的设计转型为开放式的设计；将只有室内空间的设计转型为既有室内空间又有室外空间的设计；将传统的城市多层和高层住宅楼从无天无地的状态中解脱出来，转型为每户都能有天有地的居住环境，使住户不仅有家，还能有园，真正享受到"美丽的家园"。 为此，在单体建筑设计上，我们采取了以下设计策略。

1. 依山叠墅，建筑与环境共生

城市住宅大多建立在平地上，山地城市住宅能否建在山地上则依据山势判断。喀斯特的地形地貌特点是地表崎岖，土壤贫瘠，不利于农业发展，因此在云贵高原就有"天无三日晴，地无三尺平，人无三分银"的俗谚。 但是，在山脚坡度较缓之处营建房屋还是可行的，即使坡度较大，也可采用当地传统的吊脚楼形式。

在此项工程中，我们踏看分析地形，将住宅结合山势地形布置，让建筑与环境共生。 住宅依顺山势，依山叠落，减少了对地貌的破坏，做到了"轻轻地碰地球"。 这种做法既保护了地球，为建筑融于自然创造了较方便的条件，也传承了当地传统的营建方式（图7-9）。

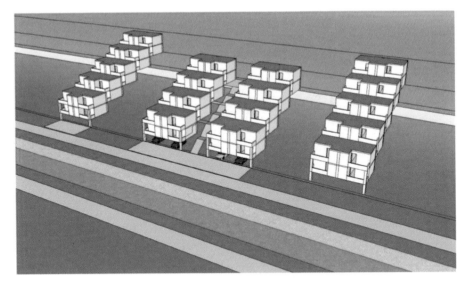

图7-9 依山叠墅示意

2. 有天有地合院房，回归邻里，回归自然

现在的多层和高层住宅被称为鸽子笼式。 人住在家中，与天地隔绝，与人和邻居隔绝，似被关在笼子里。 这样的生活环境只能满足人最基本的"住有所居"的要求，解决了"无立锥之地"的矛盾。 今天，我们进入了小康社会，人的基本需求衣、食、住、行都要更上一层楼。 在我国社会主义经济建设由高速度走向高质量发展的今天，住的问题如何高质量发展？ 从哪方面实现高质量发展？ 它不在于居住面积的扩展、建筑材料品质的提升和家装的精美，更不在于家具和现代家用设备的先进与豪华，而是在于有一个真正的"家园"。 家园者有家（即有房）有园也。 因此，我们要破除常规定式，把住宅从火柴盒式、鸽子笼式中解脱出来，从封闭的无天无地的居住环境中解脱出来，走向开放的、有房有园、有天有地的居住环境，促使生活环境由满足人的基本要求"住有所居"，走向高质量的"住有宜居""住有美居"。 因此，我们采用了退台式的设计（图7-10），为每户都提供一个大天台，让人们足不出户也能享受室外生活，享受大自然。 人们可以在这个大天台上种植花卉、种植蔬菜，耕耘"都市农业"；也可营建水池、放养鱼虾，甚至营造自家的花

园；也可在此晨练、休闲，享受乐趣；还可以隔空聊天，促进人际交流，增进邻里关系。这些对促进和谐社区的建设将起到积极的作用。现在城市住区中的邻里关系越来越淡薄，这种退台式住宅模式将为促进邻里交往创造有利条件。

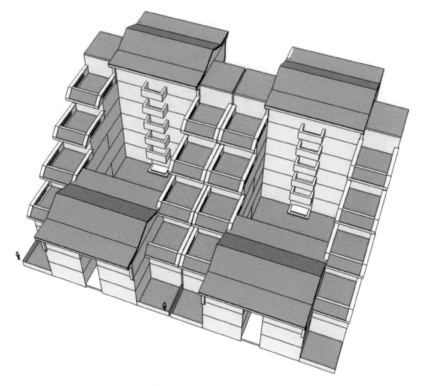

图7-10　退台式的设计

这种模式不仅用于多层，也可用于小高层和18层以下的高层住宅（图7-11）。这种空中天苑对居住在高层的住户来说，将是更适合、更被需要的自然空间环境。

3. 仿山造房，人造建筑自然化

人们把现在城市建筑形象地称为"混凝土森林"。这个词一方面是对当今城市建筑形态的贬低，另一方面反映了人们对城市建筑空间环境新的期盼——对森林的期盼，对自然的期盼，对绿色的期盼。所以人们看到意大利建造了"森林住宅"后赞美不已（图7-12）。我国成都的"森林住宅"应运而生（图7-13），将人们的期盼变成了现实。这就是把人造的建筑物自然化的真实写照。尽管这样的建筑可能存在问题，但这个方向顺应了时代发展的需要，是值得效仿的。

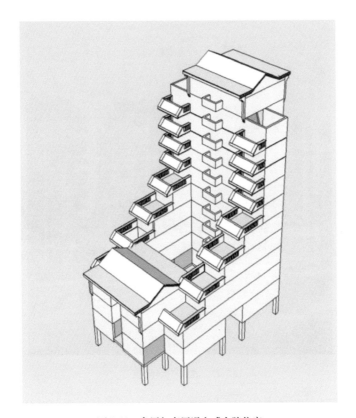

图 7-11　多层与高层退台式合院住宅

图 7-12　意大利"森林住宅"

图 7-13　成都"森林住宅"

　　我在 20 世纪 80 年代设计无锡支撑体住宅时，就设计了南向退台式合院住宅，当时就想为住户提供一块自家的"小天地"，让住户可以自营一个小花园，创造一个小的自然环境，过着居于自然的生活，而非住在"鸽子笼"里（图 7-14）。

图 7-14　无锡支撑体住宅

20 世纪 90 年代，我在为苏州公务员小区做规划设计方案时，就曾探索在高层住宅中为每户提供"天苑"的设计方案（图 7-15），可惜未被人们接受。 但我坚信这个方向是值得探索的。

图 7-15　高层住宅"天苑"设计方案

因此，在设计这个工程时，看到这里喀斯特地貌的独特山型，我自然就想到退台式的建筑造型。 无锡支撑体住宅是多层（5～6 层）建筑。 这个馒头山式的山体环境激发了我们的创作灵感。 我们利用退台方式仿造这里的山体创作退台式住宅（图 7-16），使人造建筑自然化，使人造环境与自然环境融为一体，通过退台形成建筑层次的变化，又可表现该地域地形地貌的特征。 这些建筑仿佛是从此地长出来的。

图 7-16　仿山体的退台式住宅

续图 7-16

7.5　住宅群体的组合

住宅群体的组合以自然为中心，以山体为依托，仿照山体形态布局。同时，当地气候条件优越，冬无严寒，夏无酷暑，属于典型的高原型湿润亚热带季风气候，雨量充沛，为建筑方位朝向的选择提供了空间。图 7-17 是规划设计的几种群体布局的模式。

综上所述，此工程在住宅群体设计上仿山体造山景，促进人造建筑与自然山体融为一体。在住宅单体设计上，"创有天有地台阶房，促传统合院新发展"，创造多样化住宅，创造城市建筑的新面貌。

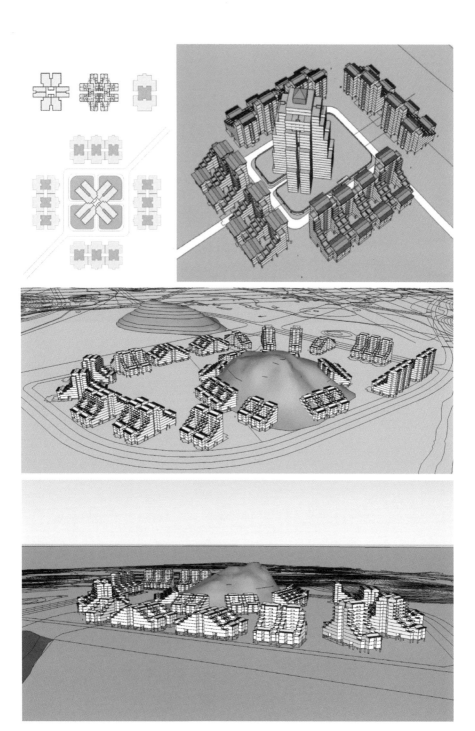

图 7-17　群体布局的模式

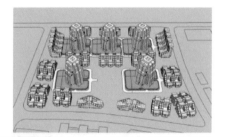
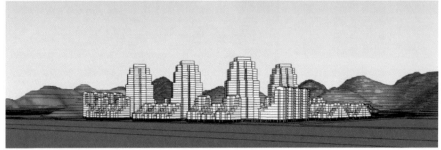

续图 7-17

注:本工程的建筑设计师是贺颖。

第二篇

绿色校园规划与绿色建筑设计

8 走向回归本源的校园规划与设计
——安徽省池州学院校园规划与设计

8.1 工程概述

　　池州市是皖江南岸一个新的中心城市，也是安徽两山一湖（黄山、九华山和太平湖）北部的服务中心。皖南山区地形以山地、丘陵为主，过去交通不便，经济发展迟缓，教育事业也相对滞后，尤其是高等教育。此前全市仅有一些专科学校和普通中小学，没有一所具有正规本科学历教育的院校。池州学院是在原池州师范专科学校基础上，联合池州工业学校和安徽省经贸学校发展而来的。2007年，该校正式升格为省属全日制普通本科院校，并命名为池州学院。

　　池州是我的故乡，有缘参与家乡第一所高等学校的兴建规划设计工作，我感到非常高兴，自然倾注着家乡情怀，为家乡的教育事业尽一点自己的微薄之力，努力把它规划好、设计好、建设好。在到处兴起大学城建设的风潮中，我希望尽量做出池州学院自己的建筑特色，但这个"特色"并不只是追求建筑外观形式上的与众不同，更不是要追赶乃至超越"洋""奇""怪"的潮流，而是在规划设计理念、设计指导思想方面认真遵循可持续发展的思想，老老实实地做一次回归本源的设计。因为我相信，本源的事物应该是自然的事物，自然的事物一般也会是可持续发展的事物。

　　在建筑创作方面，创作要"回归"的思想在我脑中由来已久。为此，我还专门写过一篇论文《建筑创作的回归》，并在中国现代建筑论坛和与会者共同讨论，之后该文又发表在《建筑学报》上。我提出的建筑创作要走向回归，是针对当时我国建筑设计市场出现的一些现象提出的看法，提出建筑创作要回归理性，回归自然，回归本土及回归本体。一句话，就是要回归本源。如何将这些理念的"思"变为设计之"行"，我一直努力寻求实践。我很幸运有了主持池州学院校园规划设计的机会。我抓住了这个机会，努力将"回归"之"思"变为创作回归之"行"，即努力践行回归本源等理念，并进行创作尝试和实践，具体表现在以下几方面。

8.2 回归自然，道法自然

池州学院一期按 10000 名学生的规模进行规划设计，用地面积为 $6.67 \times 10^5 \ m^2$。校园场地坐落在池州新开发的高教园区中心地带，处于丘陵山地，地形地貌复杂，杂草丛生，位于南向的山麓。从我们踏看场地的那一刻起，我们就在反复思考如何将整个校园建筑融入这样的场地自然环境中，如何以这片山地、眼前这个场所为规划设计构思的前提，以这片场地及其所处的地域环境的各种要素为原料，寻找适合该场所的设计策略和规划布局，创作设计这所校园建筑。我们希望能创作一所扎根于这个场所的、与自然融为一体的自然的建筑。因此，我们想到老子所说的"人法地，地法天，天法道，道法自然"的哲理。道法自然即设计之道应顺应自然，效仿自然，以自然为生存之依托。我们以此为设计构思的出发点。"规划设计一定要结合自然，尊重自然，善待自然和顺其自然"的感悟，也就油然而生。遵循事物自身的发展规律而发展，使其符合"道"的自然状态的设计理念，成为我们规划设计的一个基本出发点。它贯穿这个校园规划的始终，表现在如下方面。

1. 尊重场地地形地貌，顺应地势规划布局

校园场地北边为山，场地南低北高，南临高教园区主干道，西靠城市快速干道——生态大道，东侧为二期发展用地，面积为 $6.67 \times 10^5 \ m^2$。此外，南北两端均为坡度较缓的坡地。场地中西部有一个山丘，植被较好。山丘的东侧是一块坡度不大的台地（图 8-1）。面对这样的地形地貌，我们首先尊重它，对它进行认真分析，找出它的高低走向及规律，尽可能地顺其自然，进而寻找各功能区的合适位置并进行布局。在经过充分理性分析的基础上，综合考虑场地内外的各个要素及校园

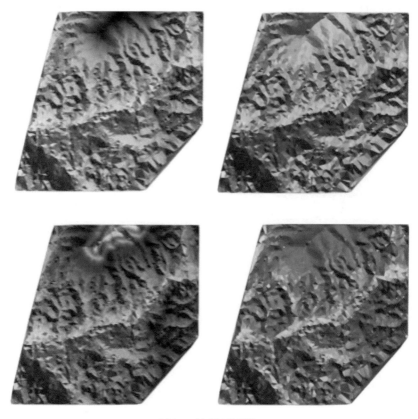

图 8-1　地形地貌现状

建筑内在的功能关系，确定了教学区、教工生活区、综合运动区、行政办公区等功能区的位置（图8-2）。

教学区布置在场地的南端，临近高教园区主干道，学院的主要入口就设在这条主通道的北侧。学生宿舍区和教工生活区置于校园场地的北端，临近北面的山体，处于地势较高的地方，西靠生态大道，学院的附属入口就设在这条道的东侧。综合运动区布置在场地东侧，这里有两块面积较大且地势平缓的场地，而且南北向长，适合运动场地南北向方位的要求。两个400 m跑道的运动场、一个体育馆、室外篮球场、排球场都布置在这两块场地上。这两块场地处于教学区与学生宿舍区之间，使用较方便。场地中西部的山丘既作为校园的中心景观区，也可作为学院今后的发展用地（图8-3）。行政办公区则靠近学校主要入口布置，对外对内联系均较方便。

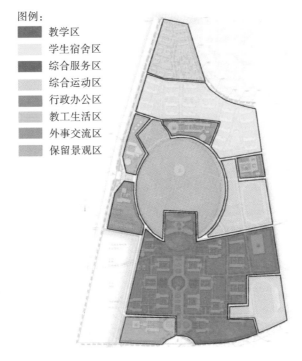

图例：
- 教学区
- 学生宿舍区
- 综合服务区
- 综合运动区
- 行政办公区
- 教工生活区
- 外事交流区
- 保留景观区

图 8-2　功能区布置

2. 参照等高线走向建构路网

　　根据上述校园功能区的布局，南北通道是一期校园中的主要通道。它把教学区、学生宿舍区、教工生活区及综合运动区联系起来，同时也是对外联系的主要通道。二期工程位于一期工程东侧，因此东西通道是连接一、二期工程的重要纽带。南北、东西纵横通道就自然构成了校园中基本、重要的交通主干道。它决定了校园路网的基本格局。在平地上，道路横平竖直较易布置，但在丘陵山地就不能任意确定道路走向，除非用推土机"见山就推，见水就填"，这是我们不愿意做的。在"尊重自然，顺应自然"的设计理念下，我们需要参照地形的等高线变化、走向来确定校园中路网的形态和走向，特别是当地南北地势高差大，道路坡度又要合适。于是我们顺应等高线的变化，采取曲径相通的策略，合理确定每条道路的走向及其位置。南北通道为全院师生教学、生活的主动脉，人流量大，而且时间相对集中，因此南北通道采用两条闭合曲线环抱校园中部山丘布置，不仅使南北通道与地形及等高线密切结合，而且易分散人流，也更突出中心景观区的地位。环形通道和放射

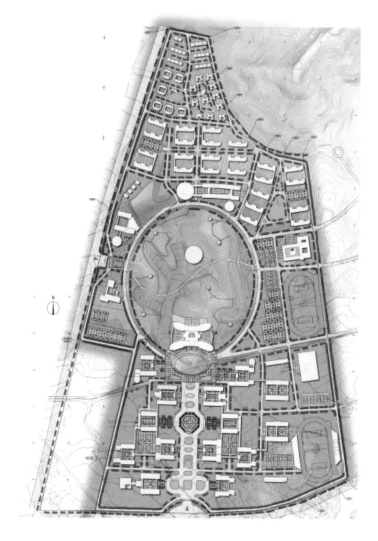

图 8-3　总平面

形的路径通向三大功能区（图 8-4）。

连接一期、二期校园的东西通道是由场地上原有的便道拓宽整修而成的，充分体现了可持续发展所要求的再利用原则（图 8-5）。 东西通道成为校园东西向的主要路径，把一期、二期校园连接起来，将一期校园中的教学区与综合运动区，校园的重要公共设施——图书馆和体育馆连接起来，并成为图书馆前广场的一部分。

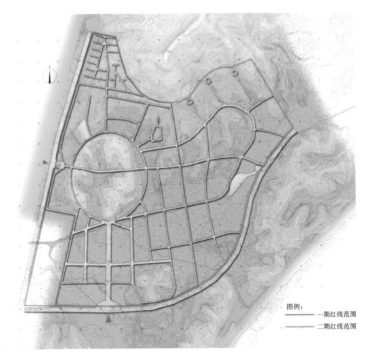

图 8-4　地形与交通关系

　　参照地形、等高线确定校园主要通道的走向和位置，又充分利用场地原有的便道，将其拓宽、整修建设成东西通道，这就是尊重自然、顺应自然进行路网规划的结果。它是自然的，是对环境友好的，也是经济的，节约土方开挖，减少资源的消耗。

3. 保护利用天然山水，建构校园环境景观

　　校园北临一座山，山水相连。场地北高南低，水自北南下，形成了几条弯弯曲曲的小溪，积聚成了南北两个水潭，分别位于教学区和教工生活区。潭水清澈见底，随风拍打着亮晶晶的浅沙滩，伴随着山麓松竹的倒影，构成了一幅天然的山水画美景（图 8-6）。场地中部流淌着一条由东向西的小溪。它源于二期校园场地内正中，途经一期建设场地，一直流向西北面的平天湖。山与水构成了一个天然的山水生态链，是难得的自然资源。这条山水生态链绝不能被大规模校园建设斩断，这些水系也绝不能因新建校舍而被破坏。对于这些宝贵的自然资源，我们没有破坏的权利，只有保护、利用、整合的义务。

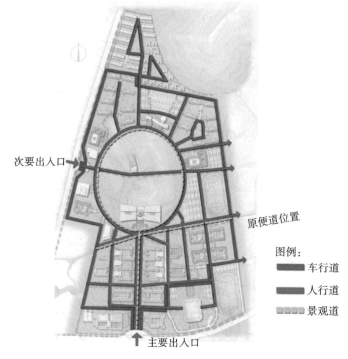

次要出入口 →

原便道位置

图例：
车行道
人行道
景观道

主要出入口

图 8-5 路网分析

图 8-6 教工生活区中的水潭

按照回归自然，道法自然的理念，我们的责任就是自觉地将它们规划为校园有机的自然景观。我们刻意保留了场地的水系，并加以合理规划，让这些水系融入学校师生的生活，让师生接触自然，享受自然，让这些校园中的自然元素永远留在师生的脑海里。场地北部的水潭被修建成学生宿舍区和教工生活区内的水景，食堂傍水而置，教工宿舍也紧贴水潭的另一面布置，如图8-7所示。

图8-7　学生宿舍区和教工生活区内的水景

校园南部东西向和南北向的水系汇合处自然形成了蓄水塘。我们将其保留，并把它们进行整合、扩大，将其建成图书馆前广场的水景，形成校园南北轴和东西轴相交的主景（图8-8）。

场地中部由东向西流向平天湖的一条小溪，也在规划中得以保留，而且被拓宽、加深，成为校园中的小桥流水风景线，见图8-9。同时，我们又将南北两端的水系疏通连成一体，构成校园完整的水系。通过规划建设，这些天然的水资源都成为师生享受的自然要素，成为校园中一个宝贵的环境亮点。人造景观与自然资源融于一体，人与自然紧密联系在一起。

4.结合地形高差，精心设计单体

结合地形设计是规划结合自然的一个基本原则。我们从来不主张靠推土机来帮助规划布局，而是要尽量"少撞地球"，结合并利用地形高差及其走向，顺应自然布

图 8-8　图书馆前广场的水景

图 8-9　小桥流水风景线

局。 池州学院校园场地地处山丘，平地很少，无论是教学区域还是生活区域都处在坡地上。 我们在规划设计每一幢建筑时，都要实地踏看场地地形、地形高差的变化及等高线的走向，因地制宜选择合适的设计方案，尽力让建筑平面形态和纵断面、横断面、地形走向、地势高差适应、融合，让人造的建筑形态与场地自然的地形地貌尽可能地相互嵌入，构成一个有机的整体。 这样不仅减少土方量，减少对地形地貌的破坏，而且使建筑空间组织得更得体、更丰富、更有自己的特色。

例如，教学区的各幢教学楼虽然都采取院落式的组团设计，但是室内的绝对标高是不一样的。 各幢楼的剖面形式也不一样，有的教学楼处在地势低的位置。 我们就因势利导，采取架空的方式，并将架空层作为自行车停放处。 这样结合地形设计，不仅节约土方量，也节约用地，还受到学校师生的喜欢（图 8-10）。

图 8-10 教学楼架空布局

再如，校园中轴线上图书馆的设计，更体现了与地形的密切结合。 这个图书馆规划布置在校园中部小丘的南坡上，前面是水系，后面是山丘，前后高差达 10 m 以上，等高线走向变化也多。 图书馆的平面形态和剖面设计依据地形地貌的实际状态，顺应自然，尽可能与场地地形地貌嵌合，既保障使用功能合理，又能节约土方量。 图书馆的平面布局依山就势，采用对称式，与地形走向适应，但前后两块体量、层数不一，前排均为 4 层，后排东侧为 2 层，西侧为 3 层，以适应周围地表高差的变化（图 8-11 、图 8-12），尽可能减少对山体的开挖和对山体形态的破坏。

平面采用工字形，但前后两排均采用曲线形。 建筑与等高线走向一致，并都为南北朝向，具有较好的自然采光和自然通风条件。

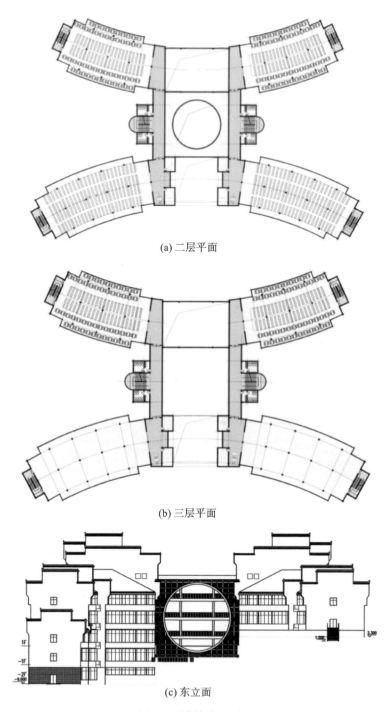

(a) 二层平面

(b) 三层平面

(c) 东立面

图8-11 图书馆平面、立面

(a) 图书馆外形

(b) 图书馆前方小路

图 8-12　图书馆结合地形设计建造

8.3　回归理性，坚持适用、经济、绿色、美观的设计原则

回归理性设计就是要遵循建筑设计基本原理进行设计。 长期以来我国都执行适用、经济、美观的方针原则。 在生态环境受到破坏的形势下，建筑设计也要重视环境生态的问题。 因此，我们坚持的设计原则应该是适用、经济、绿色、美

观。 建筑设计必须认真对待设计时面临的挑战，包括经济、社会和环境的挑战。我们的设计不能哗众取宠、画蛇添足、追求怪异、东搬西抄、不讲经济、不讲功能。 我们要力求设计出功能适用、使用舒适、结构合理、建造经济、美观大方，又与环境协调的建筑，以较少的代价营造优雅的"知识殿堂"，具体表现在以下几方面。

1. 布局紧凑，用地节约

校园的总体规划实质上就是用地规划。 对校园的各个功能区进行合理的布局，创造方便使用的条件，直接关系着土地如何合理使用，以及土地能否节约利用。 我国很多大学新校园的规划追求大校园、大马路、大广场，教学楼等各类建筑间距很大，甚至有部分大学要给学生配置自行车，学生上课换教室就要骑自行车赶路，每幢教学楼都要设计大面积的自行车停车场，有的还设置校内公共交通。 这种松散的布局不仅浪费土地，而且也为教学、科研活动带来不利，影响学科之间的交往。 我们在设计池州学院时，采用疏密结合、院落式的紧凑布局，将教学区和生活区的建筑设计成组团式，严格按照自然采光、自然通风及隔声的要求，合理地确定建筑间距。 教学楼之间每层以走廊相连，联系方便。 在满足教学、生活、运动等需求的基础上，还能留出场地中心的山丘，将其作为中心景观区或未来发展用地（图8-13）。

图 8-13　教学楼组合

2. 坚持自然采光和自然通风，尽量节约能源

为使所有的建筑都能有较好的自然采光和自然通风条件，我们在进行总平面规划时，尽量南北向布置建筑。教学楼采用单面走廊，以创造更好的自然采光和自然通风条件，不仅有利于节能减排，而且也有利于学生的身心健康（图8-14、图8-15）。体育馆是校园内跨度最大的一幢建筑，我们把它设计成以自然采光和自然通风为主的建筑，看台背后设计了侧窗，比赛场地上空设计了可通风的屋顶天窗。该馆白天使用时可不开灯光和空调，大大节省了能耗。自然的空间环境相对较健康、舒适，既经济也符合绿色建筑的要求（图8-16）。

3. 适应信息社会，开辟更多的交往空间

信息社会相互交流是一种获取信息资源的方式，现代大学的教育不能局限于教室内的课堂教学，不能仅仅依赖老师的课堂讲授。课堂外的自学、讲座、研究会等"第二课堂"，也是学生积累知识、开发智力和提高创造思维能力的有效途径。因此，现代校园设计要为师生创造更多的交往、交流场所，以培养和增强学生的交流习惯和能力。为此，我们不仅在室外创造这类空间场所，而且也为这类场所设计合适的位置和数量。我们设计了多层级的室外交往空间。每幢教学楼都是院落式的，每个院落就是一个室外交往空间。几幢教学楼为组团布局，每个组团又是一个公共交往空间。教学区和学生宿舍区之间还有围绕场地中部山丘构筑的保留景观区。这里更是师生休闲和交往的良好场所。教学楼、实验楼均为院落布置，前后两排教学楼都有走廊相通，而且层层都有。连廊不仅用作交通联系，更是学生课前、课后的交流空间。教学楼、实验楼都采用单面走廊，教室前面的走廊局部加宽，加宽部分可作为学生在课间休息时相对不受交通干扰的聊天空间，并且也不影响其他人使用（图8-17）。

4. 生活服务中心街道化

校园离城市中心较远，周边的生活服务设施尚不健全，但有一万多名师生在这里生活，因此需要相应建设一个适当规模的生活服务中心，服务对象主要是学生和教职工。为此，我们在综合服务区和学生宿舍区之间规划设计了一条街道化的生活服务中心，除了日常生活、学习必需的商业服务设施、生活服务设施及通信、金融

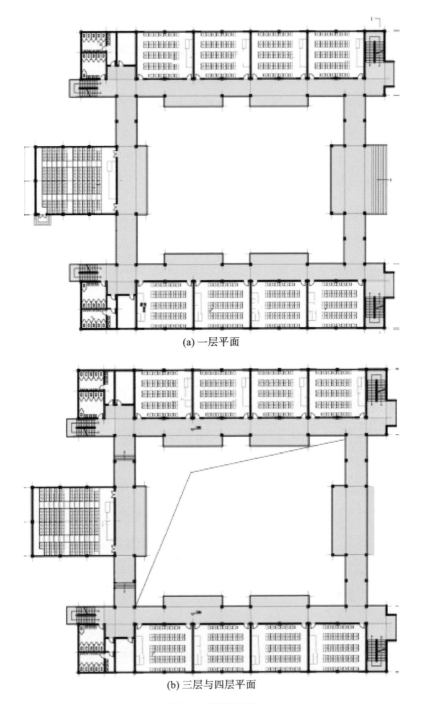

(a) 一层平面

(b) 三层与四层平面

图 8-14　教学楼平面

图 8-15 教学楼建成效果

(a) 比赛场地上空的屋顶天窗

(b) 门厅自然采光

图 8-16 体育馆内部自然采光

(a) 交往空间1

(b) 交往空间2

图 8-17　教学楼内外的交往空间

设施等，还设置了文化活动中心、休闲设施及阅览室等公共社交场所，以满足学生在物质方面和精神方面的需求。该服务中心靠近学生宿舍区，方便学生课外的学习生活。

生活服务中心设计为前后两排围合式的建筑（图 8-18），形成一条步行街，中间两排建筑之间设有开放的绿色空间及露天茶座等休闲场地。一层为商业服务用房，二层设有阅览室、展览室、活动室等，按动静分区布置。它既是学生的生活服务中心，也是文化活动中心；它是商业服务活动场所，也是学生交往交流的场所，是校园中一个小的社会活动中心。 这样的设施规划使校园环境更具有人情味，增添了校园的生活气息。

图 8-18　生活服务中心建成外观

8.4　回归本土，增强自信，继承发扬地域建筑文化

20 世纪以来，我国绘画、戏曲、建筑、诗歌、文学等传统文化都不同程度地与西方文明发生碰撞，甚至让一部分人动摇了自身的文化自信，这也体现在建筑创作中。

我们有责任从自己做起，在建筑创作中回归本土，增强自信，找回鲜明的地域文化特色，继承、发扬地域建筑文化。 回归本土，不是故步自封、闭关自守、对外排斥；相反的，我们要放眼世界，了解和熟悉世界的发展趋势，吸收先进的理念、技术和经验，着力创造有中国特色的现代建筑。 创作者需要有世界眼光、国际视野，但更要有乡土情怀、本土意识，努力用心创作现代地域新建筑。 越是民族的就越是世界的，越是地域的就越是原生态的。

皖南地区有着深厚的文化积淀，曾是教育发达、人才辈出之地。 一村一落，一屋一坊，乃至一桥一亭，都烙印着深厚的历史文化记忆。徽学是安徽人的骄傲，徽派建筑是我国传统建筑文化中的灿烂瑰宝。我们的责任就是要继承和发扬它，创造本土的现代地域建筑。池州学院新校园的建设，就是要奔着"回归"之路，探求"徽而新"或"新而中"的现代地域建筑创作的途径。我们在规划设计时，主要从以下几方面进行探索。

1. 仿皖南村落式，校园采用组团布局

皖南山区许多古村落星罗棋布。皖南山区是我国古村落最为集中且富有特色的地区之一。皖南山区特有的地理环境，相对发达的徽商经济基础，宗族观念的社会结构以及"徽文化"的背景，造就了有着典型地域文化特色的村落。皖南村落择山选水，察山川水势，取人与自然融合。建筑纵横交错、成团积群、聚合有序，形象各异。徽州黟县宏村就是其典型代表之一，也是其群体建筑美之典范。宏村负阴抱阳的选址，奇特的人工水系安排，依山傍水的村落布局，淡雅明快的建筑色调，造就了水天一色的村落。宏村体现了很多建设原则和方法：巧妙地利用地形的变化，顺应地势建造村落；巧妙地利用山势坡度，塑造水系的落差；建筑依山傍水而聚，村落以青山为屏障；选址"置高岗面流水，一望无际"……这些方法满足村民生活和生产的需要，防止自然灾害，为村民创造一个安全、方便、舒适、健康、和谐的村落人居环境。因为择高岗而居，可防洪灾；村后有青山为屏，可挡北风侵袭；顺应山势建设，减少土方量，节省人力、物力；利用自然水系的同时也巧妙营造了人工水系，并使二者成为一个有机的整体，既满足村民生活的需要，也满足了生产用水的需要，还形成了村落水天一色的景观，完全与今日的生活、生产、生态的可持续发展思想一致（图 8-19）。

因此，在充分学习、研究皖南古村落的基础上，我们确定池州学院校园规划仿古村落的建设思路和布局方法，采取古村落组团式的布局，将整个校区按功能分为几个组团，分布于场地的不同区位。每个组团犹如一个村落（图 8-20）。

场地北面高南面低，且北有青山，中部有山丘。水系将南北自然分为两个斜坡台地。我们按照古村落负阴抱阳的选址原则、依山傍水的布局，将教学区作为一个独立组团布置于场地南部，将学生宿舍区分为两个组团，分别置于北面青山之南麓和水塘东北侧，将教工生活区设计为另一组团，置于场地最北端，依青山西麓布

(a) 顺应地势建造村落

(b) 建筑傍水而聚

图 8-19　皖南古村落

置。 图书馆置于中心位置。 它们疏密相间，彼此联系又有分隔，像几个依山傍水的村落（图 8-21）。

2. 教学楼采用书院式的院落布局

中国古书院就是今日的大学。 我国古代著名的四大书院之一——湖南长沙岳麓书院就是今日湖南大学所在地。 该书院历经千年，故世称"千年学府"。 该书院集教学、藏书、祭祀三大功能于一体，为中轴对称、层层递进的院落布局（图 8-22），营造出一种庄严、神秘、幽远的纵深感。 门、堂、斋、轩、坊、碑、匾，显示出厚重根深的文化底蕴。

图 8-20　校园采取古村落组团式的布局

图 8-21　教学区和学生宿舍区组团式村落布局

图8-22　长沙岳麓书院

徽州有着深厚的文化积淀，曾有"虽十家村落，亦有讽诵之声"的传统美誉，虽以"商贾之乡"驰名，也有"贾而好儒"之风。"处之以学，行之以商"，表现出当时重视读书学习的优良传统。

明清之际，徽州六县讲学成风，如名气最大的歙县古紫阳书院、黟县南湖书院、歙县竹山书院、绩溪县文庙书院等。这些书院为徽州培养出大批人才。当年徽州既是"乱世的世外桃源"，又是"治世的人才宝库"，被誉为"东南邹鲁，礼仪之邦"（图8-23）。

(a) 南湖书院

(b) 竹山书院

图8-23　徽州书院之例

在池州学院校园规划设计中，我们有一个基本理念，也是我们追求的设计目标：将池州第一所大学——池州学院创建为知识的殿堂、现代的书院。为此，教学区中的每一幢教学楼都采用单元式的院落组合。每幢教学楼为一个单元体,两个单元一组,南北两排,前后相对,两端以走廊相连。所有教室都南北向布置,具有良好的自然采光和自然通风条件。每个院落中间为花园,取名"桂花园""竹园""梅园"等,尽力营造传统书院的氛围(图8-24、图8-25)。

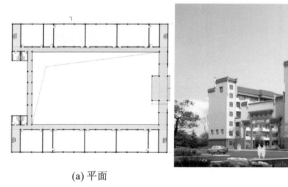

(a) 平面   (b) 外貌

图 8-24 院落式教学楼

(b) 建成后的院落式教学楼外景

(a) 院落式教学楼规划设计模型   (c) 建成后的院落式教学楼内景

图 8-25 建成后的院落式教学楼

整个教学区由十余个院落单元组成，每四个单元院落又围合一个公共绿地，构成一个大的复合院落。院落层层相套，相互联系便捷，又有明确的分隔。

所有教学楼建筑均为四层，采用坡面屋顶，应用传统徽派建筑要素，如院落、坡屋面、马头墙、牌坊、廊桥、过街楼、粉墙、青瓦等，表现徽派建筑的地域特征，营造现代书院的氛围，使其造型丰富，端庄稳重。层层叠叠的马头墙，层层相套的院落，更增加了空间的层次感和韵律美。

3.传承徽派建筑文化精髓，创建自成一体的新徽派书院式的现代大学校园建筑

徽派建筑是在深厚的文化传承中兴盛起来，自成一派的。今天，我们大学校园建设忌千篇一律，要在继承徽派传统建筑文化精髓的基础上，结合现代教育要求和现代物质技术条件，尽力创建一个自成一体的新徽派书院式的现代大学校园建筑。

传统的徽派建筑有独特的建筑空间要素和建筑物质要素。在空间要素方面，院落、天井、庭院是皖南古村落外部空间的三大要素。它们层次分明，尺度各异，都有舒适的实用价值，表现了田园生活的需求。外院是村庄的公共空间，内院是宅院空间。前者是公共空间，后者是私有空间。大的私宅院落中，还有不同情趣的小庭院，它是更为私密的空间。院落空间层层相套，宅院相通、布局协调，有强烈的聚合感又有传统民居特有的封闭性、内向性。院落大多有高墙围垣，自成一体，体现出以家庭为单位的观念。

宅院大多具备封闭性、内向性，但是徽派建筑也表达了人们对大自然的向往。天井就是一个巧妙的创造。天井即观天之井，可观天触地。阴阳雨雪、风月变化都能融入家宅，说明了家庭生活与大自然息息相关。天井是天地的特征，也揭示了皖南民居建筑文化中天地人和的思想。为了满足人们对大自然的向往，我们力求在建造时将家庭空间与庭院空间有机紧密结合，从而提升整体环境。景观则更加丰富，建筑与大自然有机的融合，最大的特征就是庭院和花园的设置。这种设置一方面解决了建筑内采光、通风、排水等问题，另一方面又营造绿地环境，具备"肥水不外流"的现代意识及积蓄雨水的功能。

池州学院采取院落式的建筑布局，就是仿皖南古村落及民居的院落空间体系，

采用单元式院落布局的方法，把教学楼、实验楼、讲堂等不同使用功能的建筑分为不同的单元建筑，两两组合成一个院落，以走廊、过街楼相连，构成一个似封闭又开敞的院落空间，并用走廊把教学单元与其他院落相连，构成一个完整的空间体系，似皖南古村落（图8-26）。

(a) 模型鸟瞰

(b) 教学区外貌

图 8-26　教学区院落式的建筑布局

马头墙是徽派建筑特征表现的物质要素。它是最具形象特征的墙体构件，也是封火山墙形象的、艺术化的加工创造。它如骏马飞腾，给人以动感，表现了当时徽商、徽文化欣欣向荣的景象。此外，徽派建筑多以灰白色为主体基调，辅以青色，朴素淡雅、简约朴实，给人平和、安详和宁静之感。真是"青山绿水，金山银山，黑瓦白墙，别叙乡情"，一片田园风光。

此外，还有牌坊、徽雕等重要的徽派元素。我们在设计池州学院新建筑时合理地借鉴并有选择地应用了这些徽派建筑元素，结合现代建筑体量大、层数多、院落组合方式不一、有围合但不完全封闭的特点，在尺度和比例上按新情况进行设计，例如：教学楼虽是围合的，但出入口不在南北轴线上，而设在东西走廊方向；走廊是多层的，层层南北相通，故采用过街楼和牌坊相结合的新形式；教学楼山墙成为建筑的主要立面，仍采用马头墙的形式，但是由于教学楼四个教室相连，加上两个楼梯间体形较长，而传统民居大多是三开间，封火山墙的间距基本上也是三开间，故在教学楼两端加设封火山墙，并增加马头墙，使入口立面上的马头墙既高低相错，又有前后层次，在入口立面上得到更充分的展现，也更表现了建筑造型的丰富（图8-27）。

图8-27　院落式教学楼主立面外貌

池州学院主要入口采用仿皖南古牌坊的形式，但又与古牌坊不尽相同（图8-28）。它加了牌坊顶，而且采用钢架支撑的玻璃顶。现代材料和现代结构的应用也反映了建筑的时代性。

体育馆是校园中现代大空间的建筑。为满足现代体育活动的要求，比赛厅采用无柱大空间是不可避免的。因此，我们的简约的钢网架为屋顶支撑。虽为平屋顶，但其色调还是仿徽派建筑灰白的色调。体育馆入口门厅空间高度相对较低。

图 8-28　池州学院主要入口

我们采取了传统民居立面的处理方式，采用了门廊、坡屋面、马头墙和黑瓦白墙的传统徽派建筑元素（图 8-29）。

图 8-29　体育馆入口外观

图书馆位于校园的中心位置，依山就势，采用对称式平面，并采取天井、院落式布局。同时，结合现代建筑功能和建筑技术，我们在天井上盖玻璃顶，建成了宏大的共享空间。四周层层有走廊，建筑造型借鉴、吸收徽派建筑的要素，如色调淡雅的灰瓦、白墙，具有动感的马头墙。体育馆也采用了江南书院的一些形式要素，如圆形的庭院之门。我们有意放大它的尺寸，将其作为图书馆建筑的主要入口，不仅体现了江南的庭院特色，而且也寓意进入"知识之园"，跨进"智慧之门"。这些徽派建筑元素的应用，结合现代建筑的要求和现代技术，形成图书馆朴素典雅、简约朴实、平和宁静的徽派建筑特色，创造了富有地域特色的"徽而新"的当代建筑形象（图8-30～图8-32）。

图8-30　图书馆正面外观

图8-31　图书馆共享大厅

图 8-32 图书馆馆前景观

8.5 回归本体，做好平实、简约设计

在池州学院规划设计中，我们始终以认真、务实的态度设计好每一幢建筑，以达到平实、简约的目的。这是我们一贯坚持的设计理念和设计风格。无论是总体规划还是单体设计，无论是建筑专业设计还是结构工程、给排水工程或强、弱电工程设计，我们都坚持在设计过程中，不哗众取宠，不弄虚作假，不生搬硬套，不追求时尚，不盲目抄袭，更不崇洋媚外、自卑自弃，并且积极进取，敢想敢做，认真负责，踏踏实实工作。我们做好各个专业工程设计配合协调工作；每一个专业设计都坚持多方案比较，不断优化设计，择优实施；结构方式的确定和建筑材料的选择，乃至某些建筑细部节点的设计都常与甲方、施工单位进行沟通，以选用适合当地条件的建筑材料，满足建筑施工要求；对待装饰材料的选择和色彩的确定，不仅要看到样品，而且要求做 1∶1 的样板来推敲；施工中碰到问题就即时赶赴现场与施工人员、建设方共同讨论解决。我们认真务实设计每一幢建筑，认为建筑设计不只是画图，而是要让建筑能真正建造起来。它不仅要美观，更要实用、经济、绿色，

具有适用性、经济性，并方便施工建造，利于运行管理；不仅要现在建得起，而且要建成后用得起；不仅一时美观、实用，而且要能可持续发展。 因此，建筑设计要回归本体，回归到对建筑本身要求和问题的研究、设计。 这样的设计应是平实、简约、自然的设计（图8-33～图8-42）。

图8-33　建成后的校园景观之一——进入校门后所见景观

图8-34　建成后校园入口景观

图 8-35　从图书馆看校园

图 8-36　教学区一角

图 8-37　行政办公区外观

图 8-38　生活服务中心

图 8-39 学生食堂内景 1

图 8-40 学生食堂内景 2

图8-41　学生宿舍区

图8-42　学生活动中心

注：本工程的建筑设计师是鲍冈。

9 环境友好型的池州八中校园规划与设计
——安徽省池州市第八中学校园规划设计

9.1 工程概述

池州市第八中学位于池州市教育园区生态路北侧，原规划包括小学部、初中部和高中部。 建成后池州市人民政府将高中部命名为池州市第八中学（以下简称八中），初中部和小学部另建制管理。 八中属高中建制，办学规模 100 个班。 在校学生近 6000 人，实行寄宿制、全封闭和"三全"管理。 2009 年这所学校从池州市殷汇镇搬迁到新校区。 目前，八中已跻身安徽省示范高中行列，成为池州市贵池区内第二所省级示范中学。

原规划用地面积为 $2.337 \times 10^5 \ m^2$，其中，小学部和初中部用地面积为 $6.67 \times 10^4 \ m^2$，高中部用地面积为 $1.67 \times 10^5 \ m^2$。 原规划用地全部坐落在丘陵山地上，地形复杂，高低起伏不断，等高线密密麻麻，呈波浪形（图 9-1）。

场地四周还未开垦，除新开辟的园区内的主干道——生态路外，四周全是丘陵地。 在这样的场景中如何做好新校园规划，如何将 7 hm^2 的建筑放置在此？ 这个地块不仅地形高低起伏大，从东到西呈波浪形，而且地块还是一个长宽比近 5：1 的狭长地块，又为规划设计增添了难点。

池州市地处皖南山区，丘陵地多。 在很多丘陵地开发建设中，我们常常看到推土机把一座丘陵推为平地，采用城市横平竖直的网格化道路布局。 但这并非良策，建筑规划设计不能这样简单、粗暴地对待自然。 随着绿色观念的可持续发展思想的

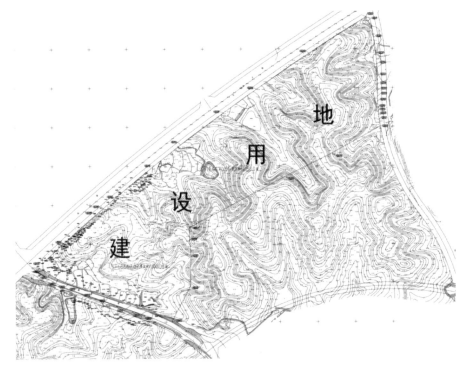

图 9-1　场地地形

提出，人们的环境意识不断觉醒，这样的建设方式表现出对自然的不尊重，以及人们对环境问题的认识尚有缺失。为避免这种现象，我们意识到不能沿袭老路，"见山就挖，见水就填"，一定要遵循可持续发展的思想。在工程开发建设中要尊重自然，爱护自然，在人造环境的建设中只能"轻轻地碰地球"。因此，该校园规划设计要遵循尊重自然、顺应自然的理念，利用自然条件进行规划设计，建设过程中尽最大可能减少开挖与运输，使场地土方平衡，在建设中尽量减少废弃物，并节约资源，探讨环境友好型和资源节约型的校园规划设计。

9.2　师法自然，依山就势，构建总体布局

该校园规划包括三个部分，即小学部、初中部和高中部。三个部分分属两个单位，小学部和初中部为一个单位，高中部属八中。两个单位统一规划，分别建设，

分属管理。

通过现场仔细踏看和对地形的分析，我们发现场地不仅地形呈波浪形，而且地势东北高、西南低，东北海拔最高处为 51.50 m，西北海拔最低处为 20.70 m，两者相差约 30 m。 东北场地最低处与园区主干道生态路高差为 7～8 m（海拔 26.00～33.40 m）。 西北海拔相对较低（海拔约 20 m），且地势相对平坦，标高都在 21 m 左右。 因此，在总体布局中将小学部和初中部布置在场地的西部，将高中部布置在场地的中部及东部。 又根据地形的走向和地势的高低，将小学部和初中部的出入口布置在康庄大道上，避开主要干道生态路，入口处选在高程 25.0 m 处，入口处高程与校园内最低处高程相近（图 9-2）。

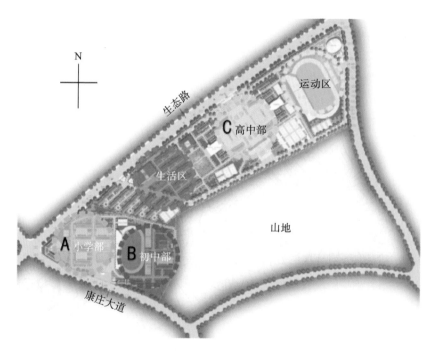

图 9-2　总体布局

这样的布局使小学部和初中部处于地势较低又平坦的地段，校园出入口靠近干道，便于家长接送学生，既方便又安全。

小学部和初中部总用地面积为 $6.67 \times 10^4 \ m^2$。 海拔高度最低处为 24 m，最高处为 40 m。 为了使土方平衡，我们设计时就把这块场地按照地势高低分为 4 个不同高程的台地，即 4 个不同的功能区。 4 个台地的高程分别定为 25.0 m、28.0 m、32.0 m

及36.0 m，其中25.0 m高程的区域为校园入口。 它与康庄大道毗邻，便于师生出入。 入口布置有升旗广场，一、二年级教学楼，学校办公楼及实验楼；28.0 m高程的区域为小学部，布置了教学区；32.0 m高程的区域为运动场，运动场在小学部教学区和初中部教学区之间，既方便使用，又减少彼此干扰；36.0 m高程的区域则为初中部教学区（图9-3）。

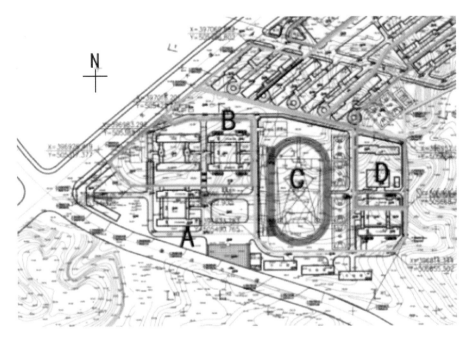

图9-3　4个不同高程的功能区
注：A—25.0 m　B—28.0 m　C—32.0 m　D—36.0 m

高中部位于场地的东段和中段地区，与小学部和初中部毗邻。 这片区域地形更复杂，高差更大，东北部最高处约为50 m，西北部最低处约为20 m，给校园布局带来很大困难。

高中部有100个班，6000名学生全部寄宿，因此高中部校园设施包括三个部分：教学设施、生活设施及运动设施。 我们把它们分为三个区，即教学区、生活区和运动区。 其中生活区根据场地的地形及地势走向，由低到高布置在小学部、初中部的东侧；运动区（400 m跑道的田径场）及体育馆布置在场地东部地势的高处；教学区就布置在场地的中部，位于生活区和运动区之间（图9-4）。

图9-4 高中部总体布局
注：A—生活区　B—教学区　C—运动区

9.3 尊重自然，顺应自然，规划校园

校园规划实质就是用地规划。要合理地选择出入口，合理进行功能分区，合理组织校园道路交通及其与城市道路交通的衔接，还要合理地进行建筑布局及景观的规划。规划时，尊重自然、顺应自然是我们的基本原则，体现在以下几方面。

1. 校园出入口的位置

一个中学校园至少要有两个出入口，一个主要出入口和一个次要出入口。主要出入口一般设置在教学区，次要出入口通常设置在教学区的次要方位或生活区中。由于这个校园地形的特殊性，设计就不能按照常规"出牌"。该校园坐落在高低起伏的丘陵上，一面临城市主要干道，一面临次干道，另一面则为未开发的山体。生态路路面标高与校园场地标高相差约 10 m，若在教学区设置主要出入口，车辆难以通达。因此，我们将车行出入口与人行出入口完全分开，使人行出入口的人流直通教学区。该出入口即为学校的主要出入口。此出入口选择在波浪形丘陵地低洼处，也是与生态路高差最小的地段，但此处高差约为 6 m，因此我们设计了宽大的台阶通往教学区的中心（图 9-5）。

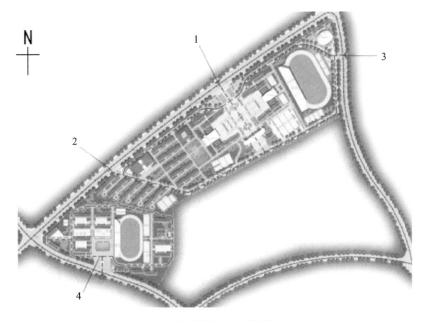

图 9-5 校园出入口的选择
注：1—教学区出入口 2—生活区出入口 3—运动区出入口 4—小学部和初中部出入口

次要出入口设置了两个，一个设置在生态路上，一个设置在规划中的道路上（当时还未建设）。生态路上的出入口处路面标高与生活区场地最低标高相差最小，生态路标高为 21.76 m，相邻生活区最低处标高为 23.34 m，故将一个次要出入口设置在此。它既是车行出入口，又是生活区的人行出入口，因此它是人车混合使用的。

另一个次要出入口，也是第二个车行出入口，只能选在校园场地的东北部最低处，此处标高约为 30 m。

2. 校园道路交通的组织

校园道路交通按人流车流基本分开又适当交混的方式进行规划与设计。车行出入口设置在生活区的西端，是人车混合的出入口。 车流交通线呈环形，规划在校区边缘，减少了对教学区和生活区的干扰（图9-6）。

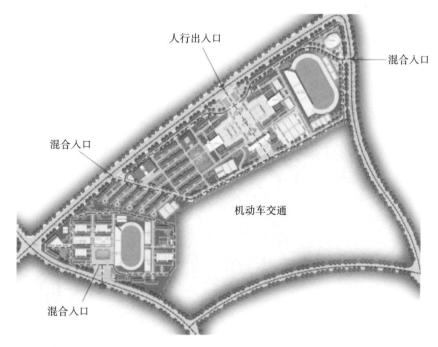

人行出入口

混合入口

混合入口

机动车交通

混合入口

图9-6 交通分析

环形道路的位置和走向是根据建设场地的地形地势及考虑土方平衡而规划设计的。 因为建设场地地形高差大，生活区入口处最低标高约为23 m，而最高处标高约为45 m。 教学区南边最高的地段标高为47 m，因此道路都是有坡度的，并随地形起伏而有上下坡。

3. 教学区的规划

教学区位于校园的中部。 这里是两个山丘的相交处，相交处地势较低，地形也较平坦。 中部地段北面与生态路毗邻。 它与生态路的高差最小，所以学校的主要出入口设计在这个地段。 由此进入教学区的中心广场，即升旗广场，以校门为中轴线，正面是实验楼，中轴线的东西两侧是主要的教学楼、图书馆和公共教室。 中心广场两侧顺应坡地地形设计成两组宽大的露天台阶通向教学楼。 东西两侧教学楼都为两幢，每幢教学楼容纳25间教室，4幢共有教室100间。 东西两侧又以教学楼、公共教室和图书馆围合成两个教学区，中间为室外公共空间，是学生的课间活动休闲场地。 东侧由两幢教学楼和一幢公共教室构成一个三合院式的公共室外空间，西侧由两幢教学楼和图书馆建筑构成一个三合院式的公共室外空间，两者相互呼应，与中心广场构成教学区。 两组教学区视野极佳。 图书馆置于西侧教学区，靠近西侧的生活区，便于学生就近使用（图9-7）。

教学区中心广场的南面是实验楼，把它置于教学区中轴线上，以突出它的重要意义，有助于培养学生的创新、创造和创业的意识。 实验楼采用底层中部架空的方式，把中心广场空间引向南面。 穿过架空层进入一个广场，广场的一侧是办公楼，另一侧则是艺术馆。 该广场是东侧的入口广场，来访的客人可以由此直接进入教学区。

教学区的规划是基于对自然的尊重，顺应自然而规划设计的，即利用丘陵地两边高中间低的特点，顺应地势而布置的。 这样的校园顺应自然，高低相间，既有校园的自身特点，又尽可能地保护了自然，美化了环境。

4. 生活区的规划

生活区位于校园的西部，与小学部、初中部毗邻。 西部地势虽然比东部低，但地形仍非常复杂，它处于丘陵地的两个小丘上，中间地势低，地形平坦，两侧地势高，且南高北低（图9-8）。 根据这块地的地形和地势，生活区设计成两组，每组有5幢学生宿舍和1个食堂，两组顺应地形地势呈八字形布局。 食堂的南面设计了开阔的室外活动场地，室外活动场地成为生活区的室外活动中心。

宿舍楼顺应地势置于4个不同高度的台地上。 这种布置能够尽量减少土方开挖，保留现有的自然地势。 生活区建筑随地势高低的变化布置，不同高度的台地上的建筑也随之变化，建筑仿佛是从不同高度的台地中生长出来的，建筑的天际线也变得丰富（图9-9）。

5. 运动区的布局

运动区布置在校区的东部，西临教学区，距生活区较远，但这是无奈之举。 因为这块建设场地东西长、南北短，只有此处可以放置南北向400 m跑道的田径场，这也是顺应地形确定的。 此外，此处与东面的城市道路毗邻，可以开辟校园东出入口，机动车可以驶入。 这个出入口便于今后田径场对社会开放，而不干扰教学区和生活区的秩序（图9-10）。 体育馆也布置在这个区域，同样便于对外开放。

(a) 教学区规划

(b) 教学区鸟瞰

图 9-7　教学区规划及鸟瞰

(a) 生活区规划

(b) 生活区鸟瞰

图9-8 生活区规划及鸟瞰

除了田径场和体育馆，我们还在教学区和生活区中布置了一些篮球场和排球场，以弥补运动区距生活区和教学区较远的缺陷，方便学生在课间或假期就近使用。

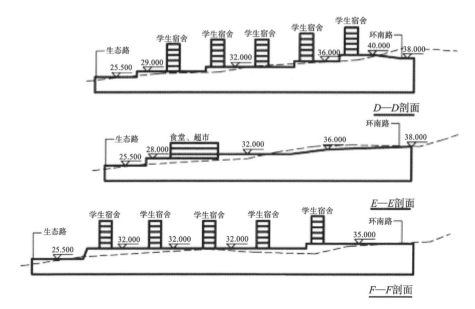

图 9-9 生活区建筑竖向布置

图 9-10 运动区布局

9.4　顺应自然做好竖向设计

为了在这个地形地势复杂的丘陵地开发建设，减少或避免大开挖，我们必须认真地分析地形、认知地形，深入现场勘察地形，做好竖向设计，进行三维立体的构思。 通过分析，我们将整个场地划分为若干个规模不等、高程不同的大小台地，共有 15 处（图 9-11）。 其中小学部和初中部共划分为 4 个台地，它们的标高分别是 25 m、28 m、32 m 和 36 m；高中部划分为 11 个台地，它们的标高分别为 32 m、34 m、36 m、38 m、40 m 和 42 m；运动区划分为 2 个台地，标高分别为 36 m 和 42 m。 36 m 标高处的台地布置体育馆，42 m 标高处的台地布置 400 m 跑道的田径场、篮球场、排球场等运动设施。

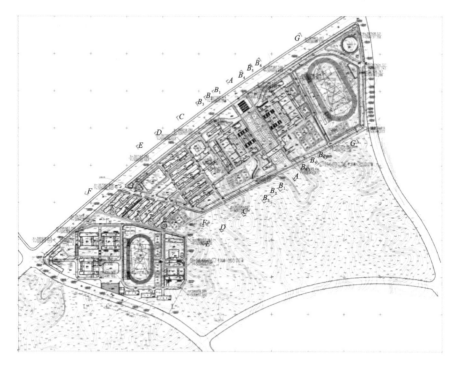

图 9-11　场地标高规划

由于建筑置于不同标高的台地上，校园内的建筑天际线错落有致。图9-12为高中部教学区建筑南北竖向设计，图9-13为校园东西方向竖向设计。

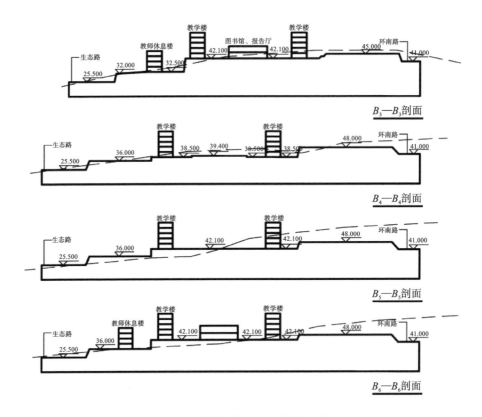

图 9-12　高中部教学区建筑南北竖向设计

图 9-13　校园东西方向竖向设计

在进行场地竖向设计时，处理好相邻的不同标高台地的连接是很重要的，可采取挡土墙的形式或者保持自然的地形。如果相邻的不同标高的台地需要彼此相连，可采取台阶或斜坡道，视具体情况而定。例如，教学区中心广场标高为 34 m，东西两侧教学组团场地标高为 42 m，与中心广场相差 8 m，故采取 3 段大台阶的方式（图9-14）。

图 9-14　不同标高台地的连接方式

9.5　结合自然进行建筑设计

丘陵地建筑设计坚持结合自然地形，是本次校园建筑设计的一个原则。教学楼、图书馆或食堂等建筑都遵循这样的原则。

1. 教学楼

4 幢教学楼都采取垂直于等高线布置的方式。每幢教学楼顺应山坡布置，场地高差为 4～5 m。教学楼坐落在两个不同标高的地段上，标高相差 4 m，高处地段教学楼为 4 层，低处地段则为 5 层。这样巧妙地结合地形高差布置，既不影响使用，又减少了土方量，并使校园空间环境呈多样性（图 9-15）。

2. 图书馆

图书馆设计在教学区西侧教学楼组团中，处于两幢教学楼之间，也采取垂直于等高线布置的方式，场地高差近 10 m。图书馆建筑平面为长方形，剖面则采取跌落式的空间组织形式，设计成 2～5 层的建筑形式（图 9-16）。低处地段设计 5 层，高处地段设计 2 层，而且两端都设计有出入口，上下 5 层融为一体。

图 9-15　结合地形设计的教学楼

图 9-16　结合地形设计的图书馆

3. 公共教室

公共教室位于教学区东侧教学楼组团中，也位于两幢教学楼之间。该地段东西高差大于 1.5 m，东低西高。根据此处地势特点，顺应自然，结合地势高差，我们将公共教室设计为阶梯教室，两层公共教室叠加布置。此种空间形态与自然地势相契合。

4. 食堂

食堂位于生活区北面，毗邻生态路，位于校园西入口处。此地块南面地势高，北面地势低，南北高差为 2.5 m。根据此地形地势，食堂平面设计为矩形，三层高，采用错半层的空间组织形式，将主要人流出入口设置在地势高的南面地段。人们从室外台阶上半层到二楼餐厅，下半层到厨房等附属用房。 二层楼梯通往三层餐厅，底层为厨房等附属用房，附属用房均从地势低的东、西、北三面进出。 食堂的两侧设计有露天楼梯直通三层餐厅（图 9-17）。

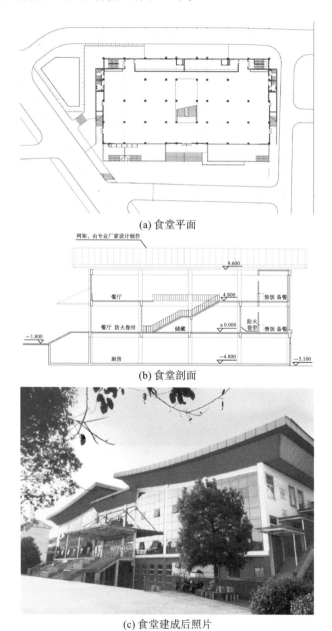

(a) 食堂平面

(b) 食堂剖面

(c) 食堂建成后照片

图 9-17　结合地形设计的食堂

9.6 利用自然，营造校园绿色景观

丘陵地虽然为校园规划与建筑设计带来一些"麻烦"，但也是一次挑战和机遇。从事建筑设计，越是有挑战，越可激发设计者的创作激情。在这个校园规划中，我们充分利用丘陵地势特点，尽力营造有特色的绿色校园环境。

按照点、线、面组织景观的一般规律，我们在八中的校园景观规划中，根据地形、地势及功能区的划分，设计了纵横两条景观轴线，通过两条景观轴线把整个校园的点、线、面景观连接起来，构建一个有机的校园景观整体（图9-18）。

图9-18 校园总体鸟瞰

整个校园按照使用功能分为三个功能区，每个功能区都有一个中心，这个中心就打造为一个景观面。教学区是校园的核心区，是整个校园景观的中心区；生活区也规划了一个中心绿地；运动区东入口处设计了一个景观中心，位于运动场和体育馆之间。教学区与生活区之间规划了一个过渡景观区。

每个景观区都由一个或若干个景观点构成。在规划设计时，根据这些景观点的位置、地形、地势及其他功能，将这些景观点设计成不同的类型和形式。教学区中心广场是整个校园的核心景观区。我们在这个核心景观区设计了以下类型的景点。

1. 门景

门景位于生态路，是校园南北景观轴线的起始点，是校园的"门面"。 教学区地势高，生态路地势低。 因此，门景的设计考虑了这一特点，主要供人行。 门景由传统的校门和台阶组成，即由建筑小品、大门和台景、高低台阶组成。 大门形象独特，寓意进取向上。 结合地势高差，大门内两侧是台阶，中间是绿色的台景，校牌石刻在绿色台景的上方（图9-19、图9-20）。

图 9-19 主入口设计效果

2. 台景

利用不同功能区地块的地势高差，结合人行台阶，设计台阶型的景观，即台景，并配置绿地与小品。 在教学区的中心景区，除上述门景使用了台景外，由中心广场通向东西两侧教学组团的台阶之间也设计了这种台景，给校园景观带来了层次感和立体感（图9-21）。

3. 水景

山水相连，有山就有水。 在丘陵地从事规划设计就要把水资源充分利用起来。我们在八中校园的景观体系中设计了两处水景，一处在教学区，一处在教学区与生

图9-20 主入口建成后景观

图9-21 中心广场通向东西两侧教学组团的台景

活区之间的过渡区。 这两处水景都是顺应自然、利用自然的结果。 这两处水景都位于丘陵的交接处，地势低，两侧高地雨水自然流向低处，由此形成了水景（图9-22）。

图9-22 教学区与生活区之间过渡区的水景

4. 山景

丘陵地山不高，水不深。 在这个校园规划设计中，我们尽力保护丘陵地的自然形态，让行走在校园内的师生感觉生活在自然的山景之中，在教学区西侧与生活区接壤的地段，山坡高差较大，布置了图书馆（图9-23）。 此处也是教学区与生活区之间一条主要的人行通道。 除了两条上下台阶通道，其余场地保留了山坡的自然形态。

在教学区中心广场，我们除了结合地势高低设计了台景，还使用借景手法，让师生在教学区中心广场上看到南面的自然山景，即把中心广场南北轴线上的实验楼一、二层中间部分架空（图9-24）。

图 9-23　图书馆东侧外观

图 9-24　透过实验楼架空部分看到的山景

10 尊重自然 融于环境的校园规划设计

——南京理工大学紫金学院新校区规划设计

10.1 依据场地环境进行总体构想

南京理工大学紫金学院为民办二级学院，按 6000 名学生的规模建设新校区，用地面积为 4.09×10^5 m²。 场地位于仙林大学城中心区东北角，距中心区有 2 km。新校址地形方正（图 10-1），大部分为坡度平缓的耕地，北高南低，西高东低，东北角和西南角为两个植被较好的山丘，高程相差 5～15 m。 场地内有天然池塘 5处，终年有水，最大的池塘宽 20～30 m，长 60～80 m。 场地内尚有一条泄洪渠，水流向东南。 场地南面有一条宽为 18 m 的小河，为组织场地内的水系提供了有利条件。 根据场地的条件及周边环境，进行校园总体布局的构想（图 10-2、图 10-3）。

（1）根据场地地势和分期建设的要求，我们把建筑物集中布置在南面，因为南面比较平坦，同时可减少对东北角和西南角两处山丘形态和植被的破坏，有利于对校园自然环境的保护，更可减少土方量，减少对地表形态的破坏。

（2）根据区位分析，我们将学生生活区布置在东面或北面，方便师生与东边的南京信息职业技术学院和生活服务设施密切联系。

（3）根据场地地形和高压线的走向，校园内以东南—西北对角线（正好也是一根高压线的走向）为界进行功能分区。 它将场地分为两个三角形，西南角的三角形为教学区，东北角的三角形为学生生活区，二者之间为运动区。 这样的功能分区有助于学校融入社会，为社会服务。

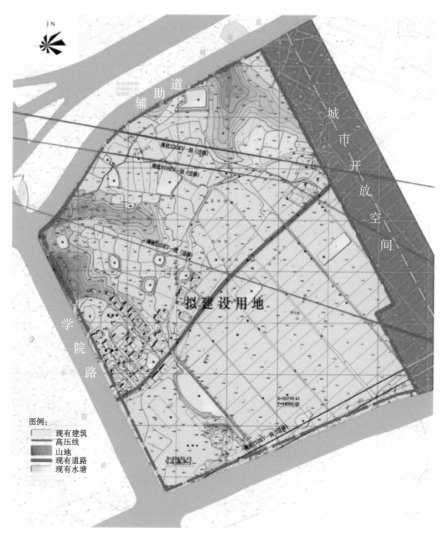

图 10-1　拟建设用地

（4）从交通分析着手，将校园主入口设在南面，次入口设在东面。前者为学校的正门，后者为学生生活区出入口，二者都靠近公共汽车站。西边设置边门，作为物流的出入口，北面根据今后发展的需要，也可设置一个边门，四门主次顺序是南—东—西—北。

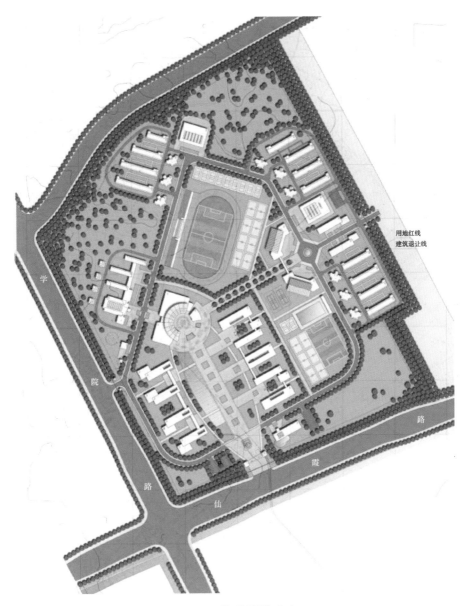

图10-2 校园规划总平面

（5）将现有的零散水系规划整合成一个通向南边泄洪渠的活的水系，使之成为校园景观的要素之一。

图 10-3　校园规划鸟瞰

10.2　尊重自然，适应现代高等教育特点的规划理念

（1）从环境分析出发，尊重自然，因地制宜，尽力减少未来的人造环境对自然环境的破坏。在适应"被动式"的规划理念的前提下，充分发挥设计者的主观能动性，为新世纪的学子创造优美的、与自然环境相融的绿色校园。

（2）适应现代高等教育特点，为学子创造更多的交往空间，使校园规划的空间不仅具有交通价值、景观价值，更具有教育价值，使每个室内空间、室外空间都兼具交往、教育的功能（图 10-4）。

（3）节约化的规划和设计。高等学校是育才之地，校园环境的一切要素都应该给学生正确的引导。因此校园规划要求紧凑、实用、简洁、纯朴，反对浮躁不实之风，在土地规划、空间大小、道路宽度、建筑造型、材料应用等各方面都提倡节约化的设计原则。

(a) 交往空间1

(b) 交往空间2

图 10-4　交往空间

10.3　实用、高效、特色的规划设计原则

1. 实用效益原则

总体布局及各建筑物的设计，要求够用、实用、不追求表面的华丽，要体现实

际使用效果；同时，总体规划设计要考虑民办大学的特点及市场化运作的思路，服务设施要体现商业价值，还要能产生一定的商业效益；要充分利用好每一项教育资源，每一寸土地，每一分资金。

2. 环境共生原则

整个校园要与大学城及周边环境相协调，充分利用现有南低北高的地势和地形地貌，恰当规划山丘、绿地及水面。校园内各建筑物既要有鲜明的个性，又要能体现和谐、流畅、层次感。

3. 特色原则

一是体现时代特征，总体设计要有一定的前瞻性；二是体现民办大学特点，在"精""巧""灵""秀"上做好文章。

4. 一次规划，分期建设原则

各项设施建设按6000名学生的规模设计，同时要求预留一定的空地，将其作为将来学校发展用地。整体规划设计考虑分四期建设实施。一期工程按2000名学生的规模；二期工程新增学生1500~2000人；三期工程新增学生1500~2000人；四期工程新增学生1000人。每期工程建设必须考虑与下期建设相衔接，基础设施同步建设。总体规划设计不考虑高压线因素，但分期建设，特别是第一期工程建设要注意避开高压线。

10.4 与周边环境协调，从场地特征出发规划 结构与功能分区

根据场地内部特征及周边城市空间要求，以内部环形道路为主线进行空间功能组织。环线以内以次要道路为界，西南侧为教学区，东北侧为运动区；环线以外分别为校前区、学生生活区、后勤服务区、教工生活区及保留与发展区（图10-5）。以下分别介绍校前区、教学区、运动区、学生生活区和教工生活区。

图例:
A ■ 教学区
B ■ 运动区
C ■ 学生生活区
D ■ 教工生活区
E ■ 后勤服务区
F ■ 保留与发展区
G ■ 校前区

图 10-5　功能分区

1. 校前区

校前区位于南侧仙霞路与内环线过渡区域,为主入口区域,布置有校门、办公用房及停车服务设施(图 10-6)。

2. 教学区

教学区位于内环南侧,区域内集中布置教学楼、实验楼、图书馆及信息中心等教学用房(图 10-7)。

图 10-6 校前区

图 10-7 教学区

3. 运动区

运动区位于内环东、北两侧，介于教学区及学生生活区之间，便于使用。其间设置运动场、体育馆、学生活动中心等文体活动用房（图10-8）。

图10-8 运动区

4. 学生生活区

学生生活区沿环线外东北侧布置，为三个独立组团，其间布置食堂等后勤服务用房（图10-9）。

5. 教工生活区

教工生活区包括教工宿舍、专家公寓及部分后勤服务用房，位于环线外西北侧。三面山丘环绕，可形成较为独立的空间区域。

场地西北角山丘予以保留，规划为绿化休闲区；东南侧为保留与发展区，该区是学校科研产业场地，以适应未来发展的需要。

图 10-9　生活区

10.5　人车分流的校园交通组织

1. 出入口

校园共设三个出入口，主校门位于南侧仙霞路，是教学区的出入口；学生生活区的出入口位于东侧，邻近城市共享开放空间，与南京信息职业技术学院相对；西侧学院路设供物流的出入口（图 10-10）。

2. 道路

校内以环形道路为主要道路。环形道路解决了机动车交通问题及各功能区块之间的交通联系问题。环绕各功能区设次要道路，可满足偶发性机动车交通及消防要求。各功能区内部以步行交通为主。主要道路宽为 7 m，两侧设 2.5 m 宽人行道；次要道路宽为 4～6 m，步行道宽约为 1.5 m。

图例：
— 城市道路
— 主要道路
— 次要道路
— 步行道
⊙ 停车场
↗ 出入口

图 10-10　校园道路交通系统

3. 停车

机动车停车位主要设于各出入口附近，以减少对内部的干扰；重要建筑附近设置适量的临时停车位；非机动车停车位设于各组团出入口附近或建筑物底层架空处。

10.6　利用自然，创建轴景+环景的校园空间景观

以南侧主入口及东侧次入口空间景观为轴线，沿环线景观带组织校内景观，同时以校内原有山丘、池塘为自然景观元素。

南侧主入口景观轴是教学区入口空间景观的主轴。该轴线以校门为起点，以北侧图书馆、信息中心主体建筑为对景，向后延伸至北侧运动区开放景观空间。教学区景观大道，由步行道、绿化、喷泉及雕塑等景观要素组成（图10-11）。沿轴线两侧布置教学实验用房，并于主体建筑前形成中心广场。广场可作为全校师生的集会场所。景观大道东西两侧结合原有池塘设置以水体和绿地为主的户外交流空间（图10-12）。两侧建筑以三面围合庭院布置，与轴向景观空间相互渗透。

图10-11　校园中轴景观

东侧学生生活区入口空间主轴与教学区主入口景观轴交会于中心广场。中心广场是联系教学区与学生生活区的步行空间。沿步行道设置后勤服务用房及文体活动用房，并于环线道路交会处形成空间节点，转向两侧环形景观带。

环线道路以绿化、小品及步行道构成丰富的空间景观带。其外侧建筑成组团布置，以建筑围合的方式与环形景观带相互渗透；内侧与教学区围合形成运动区。

保留场地北侧现有山丘，形成对中心开放空间的围合。将西北角山丘规划为绿化休闲区，可为师生提供晨读、休憩的幽静场所。同时，将生活区组团建筑布置在绿化休闲区两侧，从而形成与自然景观相互融合的组团空间。

图 10-12　教学区西侧水景

10.7　近期和远期相结合的面向未来的建设规划

建筑物的布局除了满足总体规划的要求，也考虑了分期建设的阶段性、规划的整体性和一致性的要求，同时为未来发展留有一定的余地。

一期工程：校门；一期教学楼；一期学生宿舍；一期食堂、后勤服务中心；400 m田径场；部分运动场地；相应的基础设施和环境景观。

二期工程：二期教学楼；部分实验楼；二期学生宿舍；二期学生食堂；部分教工宿舍；体育馆；游泳池；300 m田径场；部分运动场地；相应的基础设施及环境景观。

三、四期工程：图书馆及会堂；学生活动中心；其余的教学楼、实验楼、学生宿舍、教工宿舍及后勤用房；运动场地，完善基础设施及校园环境。

远期规划：学术交流中心；教学楼扩建；科研产业场地。

10.8 技术经济指标

1. 用地平衡表（表10-1）

表10-1 用地平衡表

用地种类	用地面积/hm²	比例
总用地	42.30	100.0%
教学科研用地	10.08	23.8%
学生生活用地	11.63	27.5%
教工生活用地	2.72	6.4%
体育活动用地	8.02	19.0%
后勤设施用地	3.08	7.3%
预留发展用地	6.67	15.8%

2. 技术经济指标

总用地面积：423000 m²。

总建筑面积：145400 m²。

建筑用地面积：43100 m²。

道路广场用地面积：68400 m²。

绿化用地（不含运动场地）：231500 m²。

建筑密度：10.2%。

容积率：0.34。

绿化率（不含运动场地）：54.7%。

11 紧凑　高效　理性的校园规划设计

——河南城建学院校园规划设计

11.1　工程概述

河南城建学院选址在河南省平顶山市西部南山上，距市区约 8 km。 该地段南临白龟山水库，北临省道叶宝公路。 公路与校园相距 400 m，其间为居民区。 校园西南角为度假别墅区。 该学院为河南省一所综合性大学，规划在校生 9600 人，用地面积约为 7×10^5 m^2。

校园规划方案采取招标方式，我们应邀参加了这次招标活动。 我们提交的规划方案经评审中标并建成投入使用。 这里介绍的就是我们提交的规划设计方案。

11.2　分析环境，从环境着手进行规划

场地及其周围的环境是建筑工程规划设计的客观依据。 只有认知环境，深入地分析环境，才能了解环境的特点、优点和难点，并针对这些特点、优点和难点，有的放矢地提出解决方案。 经过认知和分析，该场地环境有以下特点。

（1）校园北临省道，省道与校园相距 400 m，其间为一个居民区，仅有一条道路通向校园。 这一特点既是优点，也是难点。 优点是利于隔绝噪声和灰尘，保证校

园的安静和空气的清新。难点是，校园距离道路较远，难以引人注意，这就是这个校园规划时遇到的第一个现实问题。

（2）校园选址在平缓的南山山丘上。其坡度为 4% ～7%，地形高差的范围是 18～46 m。地形高差是该校园规划面临的又一个现实的问题，影响和制约着校园道路网络的走向和布局，关系着建筑的布置与设计。

（3）校园北面是居民区，南面是水库风景区。这是校园外部环境条件，影响和制约着校园内部的功能要素的布局。这是客观现实，必然成为我们规划考虑的一个外部因素。

（4）校园主要入口在东面，距校园场地的几何中心既远又偏，成为规划工作中的一个难点。

11.3 遵循大学内在的教学、科研、生产和生活的活动特点及活动规律进行规划设计

学校内在的活动特点和活动规律是进行校园规划设计工作的根据，是规划设计必须遵循的一条基本原则。当代大学的办学思想、办学特点以及教学、科研、生产的要求出现的新特点如下。

（1）开放性。有利于学校面向社会办学，有利于对外交流。当代的大学都要从封闭式办学走向开放性办学。

（2）社会化。提倡社会参与办学。大学要更好地融入社会，为社会服务。也提倡学校后勤工作社会化。

（3）教育性。校园环境的营造要有利于高质量开拓性人才的培养。因此，校园规划不仅要设计好教学空间、生活空间，还要重视"空间的教育"，赋予每一个校园空间一定的教育功能，改变学生三点一线的校园生活模式，要创造有利于学生身心全面发展的校园环境，构筑多层次、多元化的校园育人环境。

11.4　用可持续发展的思想思考新校园的规划

（1）根据可持续发展的思想，人造环境的建设尽量少破坏现有的自然环境。 校园规划设计工作必须充分结合地形。

（2）充分利用自然资源，趋利避害，进行建筑规划与设计。 如建筑尽量南北向布置，充分利用日光，尽量避免东西晒；充分利用自然气流，组织好建筑内的自然通风，尽量利用夏季的东南风，避免冬季的西北风；尽量利用当地天然的建筑材料或当地生产的建筑材料，以节约运输成本，减少能源的消耗，如当地卵石多，就可将其作为建筑材料；尽量结合当地的气候特点规划设计，平顶山雨水少，这是不利因素，规划设计时就要尽量蓄水、节水，设计水池，既可美化环境，又可将其用于灌溉绿化，设计海绵式的地面，把雨水储存起来。

（3）校园规划要尽量扩大绿地面积，提高绿化率，以创造更多的自然环境，促进生态环境健康发展。 场地上现有的树木尽量不伐不移，或尽量少伐少移；多种灌木和乔木，少种大面积的草坪，让它们释放更多的氧气，吸收更多的二氧化碳，减少灌浇用水量。

（4）校园规划尽量将建筑紧凑布置，以节约用地，同时方便使用，也为后续发展留有余地。

11.5　创造有特色的校园环境

河南城建学院是河南省唯一一所以工科为主，以城建为特色的多学科协调发展的省属本科高校。 因此，校园建设也应该有城建方面的特色。 校园规划建设属于城建的范围，应该体现学校本身专业性的优势。 河南城建学院应在校园规划建设的内涵和外在形态上与其他新建学院有所不同，从而形成自己的特色，具体表现如下。

1. 紧凑集中，节地高效

根据现代高等学校功能特征，河南城建学院新校区的自身要求以及校园场地地形和周边条件，规划把校园主要分为三个功能区，即教学区、生活区和运动区（图11-1、图11-2）。

教学区即教学科研区，是校园的主体，因此将它置于场地中心部位。教学区的布局以校园的一条主轴线为中心。规划将教学楼、实验楼及各科系的用房集中布置在中轴线的两侧。图书馆布置在中轴线的尽端，各教学楼之间的距离以及教学楼与图书馆的距离最远不超过500 m，师生步行10分钟内都能到达。这样紧凑、集中的布置，不仅节约用地，更方便师生使用，为师生节约时间。师生可在校内骑行，还可搭乘校内巴士。

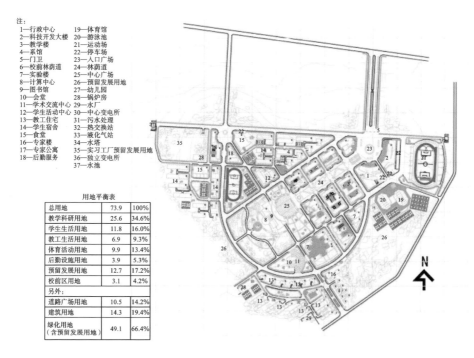

注：
1—行政中心　19—体育馆
2—科技开发大楼　20—游泳池
3—教学楼　21—运动场
4—系馆　22—停车场
5—门卫　23—入口广场
6—校前林荫道　24—林荫道
7—实验楼　25—中心广场
8—计算中心　26—预留发展用地
9—图书馆　27—幼儿园
10—会堂　28—锅炉房
11—学术交流中心　29—水厂
12—学生活动中心　30—中心变电所
13—教工住宅　31—污水处理
14—学生宿舍　32—热交换站
15—食堂　33—液化气站
16—专家楼　34—水塔
17—专家公寓　35—实习工厂预留用地
18—后勤服务　36—独立变电所
　　37—水池

用地平衡表

总用地	73.9	100%
教学科研用地	25.6	34.6%
学生生活用地	11.8	16.0%
教工生活用地	6.9	9.3%
体育活动用地	9.9	13.4%
后勤设施用地	3.9	5.3%
预留发展用地	12.7	17.2%
校前区用地	3.1	4.2%
另外：		
道路广场用地	10.5	14.2%
建筑用地	14.3	19.4%
绿化用地（含预留发展用地）	49.1	66.4%

图11-1　校园规划总平面

生活区包括学生生活区和教工生活区。学生生活区置于校园的西北部，与教学区毗邻，并有三条通道与教学区相通。学生生活区与教学楼及图书馆的距离最远也不超过500 m。

图 11-2　校园总体规划鸟瞰

运动区即文体活动区，分为两组。一组为主要运动区，有标准的 400 m 跑道、田径场、体育馆、游泳池及室外篮球场、排球场等运动场地，置于场地的东北部，也与教学区毗邻；另一组位于学生生活区中。

三个功能区及其建筑都采用集中紧凑的布局，因此校园规划的预留发展用地很大。校园场地的东南部和西南部保留了三块发展用地，分别为今后教学区和生活区发展的备用地。校园规划的预留发展用地面积占总用地面积的 17.2%，原因就在于校园规划和建筑布局都集中紧凑。

2. 开放融合，服务社会

为了有利于学校从封闭型办学走向开放型办学，适应融于社会、服务社会的要求，校园规划努力为此创造条件，具体表现在以下几方面。

首先是学校出入口的选择。该校园场地北面有一条省道叶宝公路。为了加强学校与社会的交通联系，我们在规划时特地在叶宝公路上 1 km 处开放了三个出入口，对应三条道路，其中两条从北面通向教学区和学生生活区，另一条从南面通向教学区和教工生活区。我们同时规划了一条环形通道，把三个出入口连接起来。这一设计为学校对外开放创造了便利的交通条件。

其次，将学校与社会联系密切的部门及建筑靠近三个出入口布置，如行政中心和科技开发大楼布置在北面的主入口广场，方便内外联系；专家楼和专家公寓布置在南面入口，可直接对外联系；会堂和学术交流中心也布置在南入口，方便对外开展学术交流活动；学生宿舍、食堂及后勤服务都集中布置在北面学生生活区入口处，利于学校后勤服务工作社会化。

此外，两个运动区都靠近北面的两个出入口布置，特别是靠近北面主要出入口的体育馆、游泳池及 400 m 的标准田径场。 这样的布置既方便对外，又不影响教学区和学生生活区正常的教学秩序和生活秩序，使这些设施资源为社会服务，与社会共享。

3. 尊重自然，结合地形

场地位于山丘之顶，形状近似三角形，地势由高到低向周围倾斜。 地形最大高差为 46 m，但坡度较缓，最陡峭的坡在西边，坡度为 9%，最平缓的坡度（北坡）不到 5%，东坡和南坡的坡度为 6.6%。 场地的最高处为场地形状的重心处。 规划时结合地形高差，因势利导。 通过轴线的转换，主轴线垂直于等高线，并经过山丘的最高处，巧妙地把教学区引入核心地段，自然形成了由低到高的校园主轴天际线（图 11-3）。 这条轴线的两端分别设计了入口广场和中心广场，轴线两侧布置教学楼及系馆，布局严谨对称。 图书馆布置于轴线的终端，位于山丘的最高处，成为校园标志性的建筑，是校园的核心所在。 除了严谨布局的教学区，其他的建筑布局都顺应自然地形，采用自然、灵活、自由的建筑布局方式。

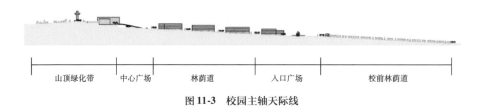

| 山顶绿化带 | 中心广场 | 林荫道 | 入口广场 | 校前林荫道 |

图 11-3　校园主轴天际线

4. 顺应自然，规划路网

校园场地位于山丘上，地势高低变化。 为了既能保持校园的宁静，又能提供便利的交通条件，我们在分析场地地形、地貌及周边环境后，对校园出入口方位、车辆交通系统、步行区及停车设施进行了统筹规划（图 11-4）。

根据周边交通条件，我们将校园主要出入口设于北侧限定的范围内，通向省道叶宝公路的道路作为对外联系的主通道；在场地北面西端设置一个次要出入口，将

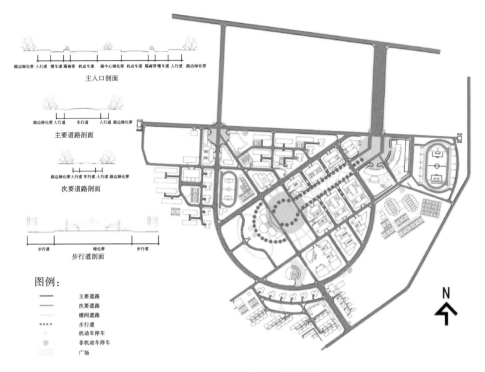

图 11-4　校园道路交通系统规划

其作为学生生活区及后勤服务区的服务性出入口；另在场地南面规划了一个辅助出入口，可通向南侧的规划道路。

为了保障教学区的安静，校园内的主要道路都布置在教学区和生活区的外围，教学区中心轴线两侧设计有两条 12 m 宽的步行林荫道，机动车不得驶入，中间设置绿地。 校园内的道路尽量沿等高线并与等高线平行布置，坡度均小于7%。 又结合地形设计了一条顺应等高线的环形通道，把南北三个出入口有效地联系起来，使整个校园的道路形成一个有机的道路网络系统。 环形通道也成为校园内预留发展区和建成区的分界线。

5. 有特色的校园空间组织

这个规划借助三条轴线建构了校园空间结构骨架（图 11-5）。 这三条轴线分别是入口轴线、中心轴线和南北连接副轴线。

（1）入口轴线。

入口轴线从省道叶宝公路延伸到校园场地，长 400 m，穿过两边居民区，进入校

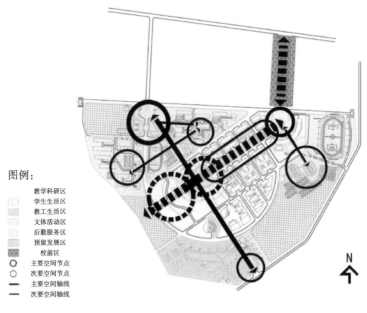

图例:

	教学科研区
	学生生活区
	教工生活区
	文体活动区
	后勤服务区
	预留发展区
	校前区
◎	主要空间节点
○	次要空间节点
—	主要空间轴线
—	次要空间轴线

图 11-5　校园空间结构骨架

园新址。 这条轴线的位置由规划条件限定，是进入校园的主要入口轴线。

（2）中心轴线。

主要入口轴线延伸到校园后，向西旋转 45°，通过场地平面形状的重心处，构成校园内部的中心轴线。 教学区就布置在此轴线上。 此轴线也成为教学区的中心轴线，生活区和运动区就布置在中心轴线两侧。 规划围绕教学区布局，通过轴线的转换，有效地利用场地。

（3）南北连接副轴线。

这条轴线是校园南北两个次要出入口的连接线，也是南面教工生活区和北面学生生活区的交通联络线。 这条轴线垂直于中心轴线，在两轴线交叉处形成中心广场。

这样的轴线设计，比较自然地将人的视线由入口轴线转向教学区。 这三条轴线构成了校园的空间骨架，从而构建了多层次的空间节点和室外空间体系（图 11-5）。

首先是中心轴线两端的入口广场和中心广场。 如果将此校园比作乐曲，入口广场就是序曲，中心广场就是乐曲的高潮，这两个广场之间的空间——步行区、林荫道及其两侧的建筑就是乐曲的主旋律，而且这个空间随着地形变化，由入口广场向中心广场逐步上升（图11-6、图11-7）。

图11-6　中心轴线一侧教学楼

图11-7　中心轴线终端的图书馆

其次，南北连接副轴线在运动区和生活区分别设计有两个次要空间节点。这两个次要空间节点把生活区的建筑和运动区的建筑组织起来，形成这两个区域的室外空间活动场所，可谓第二层次的室外空间。

再次，就是建筑之间的庭院空间。在这个校园规划中，大部分建筑都采用院落空间。这是第三层次的室外空间，它们更接近建筑的使用者（图11-8）。

图 11-8 院落空间

6. 校园内绿色景观，也是教育空间

现代学校教育不再局限于老师讲、学生听的灌溉式课堂教育，要培养高素质的人才，要为学生创造更多形式的，易于开发和培养学生思维能力、学习能力、交际能力、兴趣爱好和执行能力的学习活动和空间环境。赋予校园内每一处空间教育的功能，让学生在这些空间中自由交谈、交流、讨论，举办各类兴趣活动，为师生创建跨学科的交流平台和空间，为不同年级的学生创建交流互动的环境。同时，为了把雨水收集起来，规划设计了水池，既美化环境，又提供了学生交往的空间（图 11-9）。

不仅要将校园内的室外空间用作观赏空间、休闲空间，而且要将它作为学习空间、教育空间来设计。不同层次的室外空间可以适应学校在不同时间段开展教育活动的需要。第一层次的室外空间，如中心广场入口，适合在节假日开展规模较大的教育活动；附属于各类建筑的院落空间，即第三层次的室外空间，则适合系、科组织学习活动或教育活动，主要是学生自由交流的空间。这样的空间体系及其定位有益于激发学生的学习激情，有利于培养和增强学生的学习能力、思维能力和交际能力，有利于培养全面发展的高素质人才。

图11-9 水池

注:参加本工程建筑设计的研究生是刘怡。

12　因地制宜设计的绿色校园

——安徽省池州市杏花村中学高中部新校园规划设计

12.1　工　程　概　述

安徽省池州市杏花村中学（现为池州市第六中学）高中部新校园选址在池州市城区西郊，位于池州市革命烈士陵园的北侧，东为杏花村大道，南临规划中的西环路，北为住宅区，西为看守所。校园场地面积为 9.33×10^4 m^2。高中部规划为 60 个班，每班 50～60 人，即有 3000～3600 名学生，200 余名教师。80% 的学生住校学习，男女生比例按 3：2 计算。

我们于 2004 年初接受此项工程设计任务。当时校方未提出具体的设计任务书，我们与校方及主管部门根据国家及地方有关中小学建设的标准共同讨论，确立杏花村中学各项设施用房的建设标准及总的建设规模。

绿色校园规划与设计的一条根本原则就是因地制宜。因地制宜就是根据当地的情况，制定和采取适当的设计策略，做好校园的规划设计。我国幅员辽阔，不同地区的自然资源条件、社会历史和文化背景千差万别，只有从分析本地区发展的条件，场地的主导因素，环境的特点和优势、劣势着手，因地制宜，才能达到绿色校园的要求。校园规划设计不能生搬硬套，不顾实际情况，机械地运用别人的经验或自己过去的做法，否则会适得其反。因此，我们在规划设计这个校园时遵循了以下原则。

12.2　从分析到立意

这个新校区选址位于杏花村。唐代诗人杜牧的《清明》唱尽了杏花村春雨江南，唱出了一个千古名村。千百年来，杏花村被中国诗人千遍万遍吟诵。

池州是一座古城，现今也是安徽省历史文化名城。杏花诗雨，文人荟萃。有史以来，围绕杏花村歌咏的名家诗人无数。唐代的李白、张祜、白居易、杜牧，宋代的梅尧臣、司马光、李清照，元代的萨都剌以及明代的王阳明、董其昌等历代文人墨客都造访过此地，留下许多经典的诗词歌赋。除了诗文化，还有酒文化、水文化、孝文化、黄梅文化及茶文化等，展现了池州深厚的历史文化底蕴。在这样深厚的地域文化环境中，我们必须将这一特定的地域文化特色充分融入建筑规划。

此外，场地本身也有它的特点。场地的南面是池州烈士陵园。池州烈士陵园是市级爱国主义教育示范基地，也是安徽省国防教育基地（图12-1）。这个红色基因成为该校园独一无二的环境优势。

(a) 烈士纪念塔

图 12-1　池州烈士陵园

(b) 入口

续图 12-1

　　该场地地形不规则，地势也较复杂，南低北高，南北高差达 4.0 m，南面有水塘。这些外界因素，都给规划带来一定的挑战。

　　该规划设计的立意是最大限度地因地制宜，充分发挥地域文化特色和场地特色，避开不利因素，努力营造具有个性的、现代化的、绿色的校园环境，在杏花村原生态的古朴中书写新字，既有对历史文化的传承，又有对杏花村文化和内涵的外延拓展。承古而不泥古，创新而又不毁地域环境的风貌。

12.3　尊重地形，因势规划布局

　　为了营造绿色校园，应该遵循绿色建筑设计的原则，尊重自然。规划设计首先要充分尊重地形地貌，因地势地形而设计，避免将场地挖平、把水塘填平的做法。校园场地北高南低，北临住宅区，南临池州烈士陵园，东临商业街，西、北部分地形不规整。在这样的地形中，我们把学校用地分为 4 个不同的功能区，教学区置于南面，生活区置于北面，运动区置于西面，对外辅助用房置于东面，临街布置，并把教学区和生活区布置在高度为 15.64～18 m 的地段上（图 12-2）。 这样，生活区就与相邻的东西两侧住宅区的地坪高度接近。 生活区置于高处，教学区置于低处，校园自然有了高低起伏的变化。 生活区地形不规整，建筑就采取长短不一的自由式布置方法。 南面教学区面对池州烈士陵园，采取中轴对称的布局方式。 学校正门（主要出入口）和升旗广场布置在中轴线上。 这种严整对称的建筑布局与遥遥相对的庄严肃穆的池州烈士陵园相呼应。 师生不论在教学楼的走廊上或者在广场中，都能看到高大、宏伟的烈士纪念塔。 这种布置对学生进行了潜移默化的爱国主义教育。 这样的规划充分利用和发挥了环境特色的优势，充分利用了无形的红色人文资源。

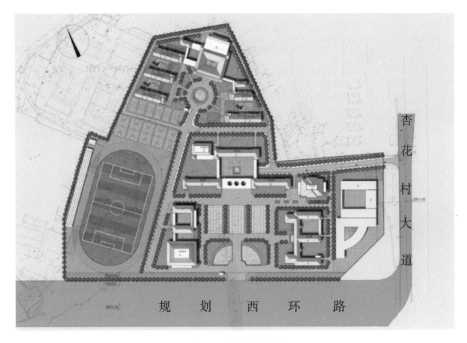

图 12-2　校园总平面

场地南面的水塘面积较大。 我们通过合理规划，把它建成一个泮池。 泮池形状如半月形，泮池上设计有状元桥，桥身也成拱月形。 泮池为旧时学宫前的水池，明清时建成的池州府孔庙就建有泮池、状元桥、大成门、大成殿等，考取功名者都要在这里举行仪式庆贺。 这个新的校园规划利用原有的水塘建成泮池和状元桥，就是借用地域文化的因子，寓意学校能培育出人才。

场地的中部有一条东西向的高压线横跨校园，另有一条与之平行的水泥道路。这条高压线对校园规划不利，但一时未能搬迁，因此在校园规划第一期建设工程时就要避让它。我们没有废弃原有的东西向的水平道路，而是将它作为新校园中东西方向的一条副轴线，与主轴线共同构成新校园十字形道路骨架。在此基础上，我们又规划一条外环道路，把四个功能区连接起来，从而形成有机的校园道路交通系统（图 12-3）。

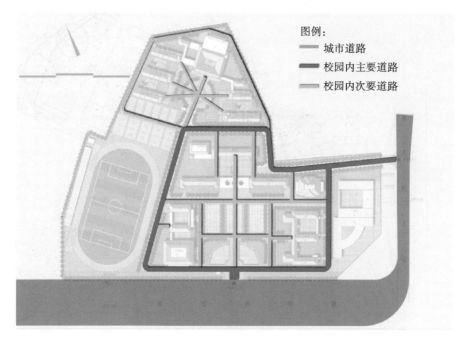

图 12-3　校园道路交通系统

12.4　借鉴地域村落建筑形态，形成组团式建筑布局

皖南山区历史悠久，文化积淀深厚，保存了大量形态相近、特色鲜明的传统民居及村落。这些村落都与地形、地貌、山水巧妙结合，形成了独特的村落景观和优雅的生态环境，具有浓郁的文化气息。因此，我们借鉴传统村落形态，利用地势高低，把生活区和教学区分为若干个组团，成簇成群地布置于园林绿地之间（图

12-2）。

　　教学区设有三个组团，其一位于南北主轴线上，由三幢教学楼组成，分别供高一、高二和高三年级使用。每个年级20个班，每幢教学楼为5层，每层4个教室。三幢教学楼呈品字形布局，均为南北朝向，三者之间以廊相连，形成开敞的三合院形式（图12-4）。

图 12-4　品字形布局的教学楼

　　其二是主轴线东侧的综合实验楼，包括各类科目实验室、行政办公楼及图书馆。行政办公楼布置于前，靠近学校正门，对内、对外联系都较方便（图12-5）。

　　其三是南北主轴线两侧的风雨操场艺术楼，包括风雨操场和艺术楼（图12-6）。

　　三个组团之间也呈品字形布局，中间形成一个大的中心广场——礼仪广场。礼仪广场主要由绿地、铺地、草坪构成。60个班的学生按3个年级列队，可以井然有序地在礼仪广场共同集会，参加如升旗仪式等各类大型室外活动。

图 12-5　综合实验楼

图 12-6　风雨操场艺术楼

生活区自成体系，也由三个组团组成。

其一是男生宿舍，位于生活区西部，由三幢宿舍楼组成，可容纳 1500 名男生住宿（图 12-7）。

图 12-7 男生宿舍

其二是女生宿舍，位于生活区的东部，由两幢宿舍楼组成，可容纳 900 名女生住宿（图 12-8）。

其三是食堂，位于生活区的中部，介于男生宿舍和女生宿舍之间（图 12-9）。食堂前设计有绿化带和广场，后面有服务院落。 食堂两侧布置有浴室，分别临近男生宿舍和女生宿舍，使用方便。

生活区靠近运动区，师生到教学区也很方便。 生活区、运动区、教学区形成了理想的三角形布局关系。 运动区位于校园西南部，与生活区南北毗邻，与教学区东西相邻（图 12-10）。 师生在三者间彼此往返都十分便捷。 同时，这种布局又可动静分离，运动不干扰教学活动。 运动区有 1 个标准的 400 m、6 跑道的田径场，6 个篮球场，6 个排球场及其他室外运动场地。 风雨操场艺术楼位于运动区的东侧。

我们在生活区内还设计了一幢单身教工宿舍，可供 30 名教师居住。 单身教工宿舍靠近学生宿舍，有利于师生交流，便于管理工作。

生活区由这三个组团共同构成了一个有机、具有多层次院落、设施齐全的整体。 生活区有一个总的出入口，可以实行两级管理，即生活区统一管理和分幢管理两级，或实行男生区和女生区分别管理。

图 12-8　女生宿舍

图 12-9　食堂

图 12-10　运动区

12.5　中西合璧，古为今用的建筑设计

校园内的建筑主要集中在两个区域，即教学区和生活区。 这两个区域的功能性建筑采取了完全不同的建筑形态。 教学区内的建筑采用了现代西方学校的建筑形

式：红砖墙、红屋顶、大玻璃窗。 生活区内的建筑则采用了中国传统的皖南地域的建筑形式：灰屋顶、白墙面、马头墙。 两者形成鲜明的对比。 这种中西合璧、古为今用的建筑风貌，寓意着两组功能区不同的历史文化渊源。

中国传统教育是由私学、官学构成的，是以科举制为主体的教育，而现代的分科性质的教育体制是从西方引进的。 我国的现代教育在一定程度上是基于西方教育模式发展起来的。 因此，教学区的建筑采用西方的现代建筑形式，而生活区的建筑采用传统的地域建筑形式，因为这是我们千百年传承下来的居住建筑形式（图12-11、图12-12）。

图 12-11　教学区建筑风貌

虽然教学区和生活区的建筑形式采用了两种截然不同的风格，但是两种类型的建筑却是按照中国现行的教育要求精心设计的。

教学楼采用南向外廊式平面布局（图 12-13）。 教学楼共 5 层，每层 4 个教室，每个教室大小为 9.6 m×7.2 m，实际使用面积为 67 m²。 每层设有教师办公室，男卫生间和女卫生间分置于教学楼的两端。

综合实验楼置于中心广场东侧，共有三幢建筑，以连廊相通。 其中，北面一幢和中间一幢设有物理实验室、化学实验室和生物实验室，南面一幢设有史地教室、

图 12-12　生活区建筑风貌

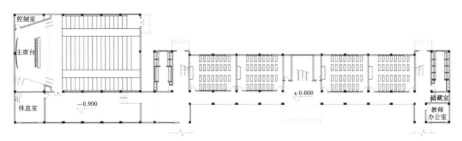

(a) 一层平面

(b) 二层平面

图 12-13　教学楼平面

劳作教室及行政办公用房（图 12-14）。 三幢建筑均采用单廊式平面布局，以创造最佳的自然采光条件和自然通风条件。

风雨操场艺术楼位于中心广场的西侧，与运动区毗邻（图 12-15）。 一幢为风

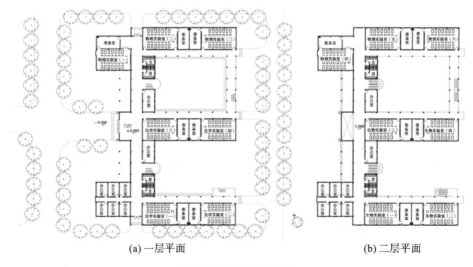

(a) 一层平面   (b) 二层平面

图 12-14 综合实验楼平面

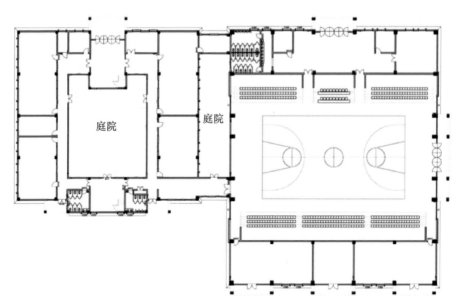

图 12-15 风雨操场艺术楼平面

雨操场，位于南面；一幢为音乐、美术、舞蹈及科技活动楼，位于北面。风雨操场艺术楼可供多功能使用，内可布置篮球场、排球场供教学和正式比赛之用，也可用于集会和文艺演出，设有活动看台。

图书馆作为一幢独立的建筑，布置于校园的东侧，介于教学楼与综合实验楼之间，远离运动区和主要干道，环境安静又使用方便。 图书馆建筑为四层，一层功能为外借、管理和书库，二层设有学生阅览室，三层设有教师阅览室及电子阅览室，四层为语音室等（图 12-16）。

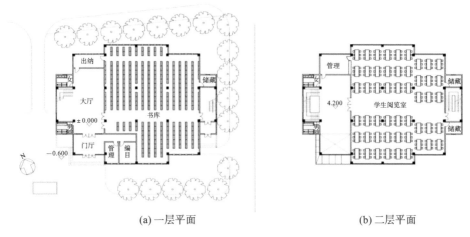

(a) 一层平面　　　　　　　　　　　　(b) 二层平面

图 12-16　图书馆平面

男生宿舍为外廊和内廊相结合的建筑，共 5 层，每层有 10 间宿舍，每间宿舍住 10 人，宿舍宽 3.6 m，进深 6.4 m，高 3.6 m（图 12-17）。 男生宿舍每层集中设置盥洗室及厕所，底层入口处设置值班管理间，可以分幢进行管理。

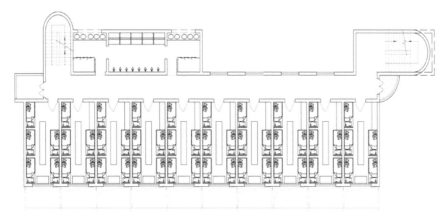

图 12-17　男生宿舍平面

女生宿舍也为外廊和内廊相结合的建筑，共 5 层，房间大小和设施与男生宿舍相同（图 12-18）。

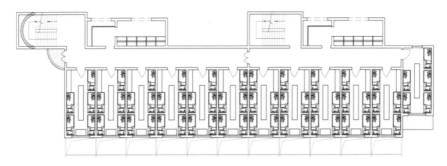

图 12-18　女生宿舍平面

食堂为两层大空间建筑，分主食库和副食库（图 12-19）。

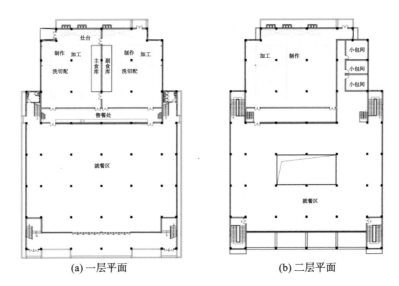

(a) 一层平面　　　　　　　　　(b) 二层平面

图 12-19　食堂平面

13　教育空间多样化的校园规划设计

——池州市第十一中学校园规划设计

13.1　工　程　概　述

池州市第十一中学是一所包括小学部和初中部在内的九年义务教育新型学校。学校规模设定为 60 班，其中小学部 24 班，初中部 36 班，共有学生 1740~1800 人。校园位于池州市百牙东路北侧，坐北朝南，西邻啤酒厂，东邻一组民房，北为空地。场地为一片荷花塘，地势低洼，与南临的百牙东路高差达 1.5 m 以上。场地中部有一条南北向的水渠，场地面积为 5.5 hm²，地形基本方正，东西长约 200 m，南北长约 276 m（图 13-1）。

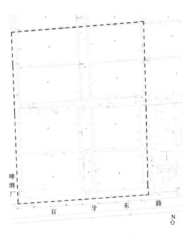

图 13-1　场地现状

13.2　规划设计基本构思

该工程由小学部和初中部组成。规划的基本构思是遵循既分又合的理念，充分考虑教学过程的使用特点，既能做到资源共享、节约投资、节约土地，同时又满足各自的使用功能且避免彼此干扰。规划应合理有效地安排好建筑用地、绿化用地和活动场地。规划要适应学校教学改革的需要，适应新的重在素质教育的教育理念，立足于创建一个开放的、可持续发展的绿色校园，合理布置建筑，做到低能耗的通风换气，使空间更有利于学生的学习和交流。

新校园的建设在省内应该是一流的，无论是面积标准、教学设施、规划设计、建设、管理都应该体现一流的水平，并要有一定的前瞻性，坚持可持续发展的设计理念。尊重自然、利用自然是本规划设计的基本原则。

13.3 因地制宜，合理布局

1. 功能分区

场地中间（略偏东）南北向的长水渠将场地划分为东西两部分。我们根据这一地形进行合理的功能分区，将初中部设置在西边，小学部设置在东边，中部布置着初中部和小学部共享的建筑设施，如图书馆、行政楼综合楼及风雨操场等，并利用中部的水渠，将其设计成校园的景观带，以景观带为轴线，有序地布置各项教学设施。校园规划总平面和功能分区如图13-2、图13-3所示。

（1）校前区。

校前区布置有校园主入口、图书馆、行政楼及多功能厅，还留有苗圃（扩建用地）。图书馆、行政楼退让道路红线60 m。多功能厅置于校前区西侧，既方便对外使用，又可增加城市景观。校前区是校园人流的交通集散地。人们进入校门后，人流往东、北、西三个方向分流。

（2）教学区。

教学区布置在校园的中段，初中部与小学部东、西分置，人流进出方便，互不干扰。初中部与小学部共用的教学用房和设施则布置在二者之间，使用方便。同时，二层连廊将三部分连接，能遮阳避雨。

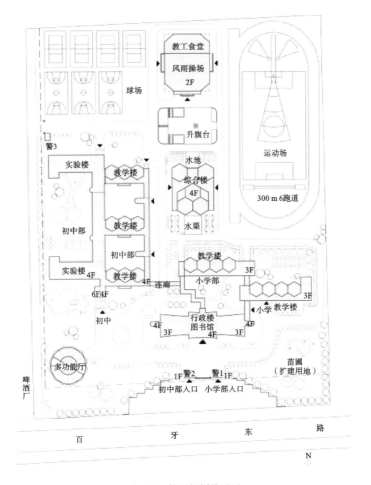

图 13-2　校园规划总平面

教学区的南向第一排教室距离城市干道 80 m，以保证教室的安静。

（3）运动区。

运动区设在校园北部，运动场地东西分置。东边为 300 m 跑道规格的运动场，西边设有篮球场和排球场。为减少土方量，运动区的地面标高略低于教学区。

2. 出入口与交通组织

整个校园设置两处出入口，主入口设在南面百牙路上，次入口设在西面，主要供车辆和后勤人员进出。

南校门实际有两个出入口，自然形成高、低年级分流。这两个 8 m 宽的出入口均后退道路红线 20 m，并且在入口广场东西宽 100 m 范围内又后退道路 10 m，形成

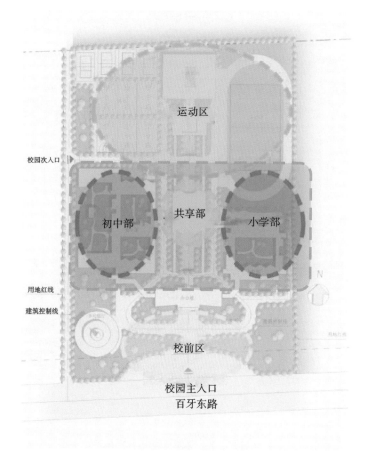

图 13-3　功能分区

一个喇叭形的缓冲场地，方便学生出入、家长接送等待，也有效地减少了对城市道路的压力（图 13-4、图 13-5）。

校园的主要道路系统由一条从南到北围绕着中心部分的环形道路和一条东西向的中部道路组成。 环形道路将教学用房分为三个功能区，即东部的小学部、西部的初中部和中部的共享部。 该环形主道从南面校园主入口进，绕过图书馆、行政楼形成东、西两条平行道路延伸至北面的风雨操场及运动场，并在风雨操场北面相接，呈钥匙形，可寓意为一把开启知识世界的金钥匙。 次要道路为通向各教学楼和连接东、西、中三部分的道路。

道路的宽度主要根据学生的人流量来决定。 南面主入口处的东西向主干道宽为 9 m，人流分流以后，南北向的主要道路宽为 6 m；教学楼北面的东西向的道路宽为

图 13-4　校园规划鸟瞰

图 13-5　校园入口广场

6 m，其余通向教学楼入口的道路宽为 4 m。

车流（非机动车和机动车）则从西面次入口进出，非机动车通过中部东西向的主要道路进入各教学楼下架空层的停车场，这样人流和车流通过前、后分布和立体交叉完全分开，确保校内的安全。 同时，校内的环道均可作为消防车道使用。

13.4　尊重和利用自然

校园规划将场地原有的水渠作为贯穿校园南北向的景观轴，南校门、图书馆、行政楼、综合楼、升旗台及风雨操场等共享设施都布置在这条景观轴上。 建筑之间保留水池，建筑互为对景。 水池两侧设计了休闲绿地带，设有花架和休息座椅，供师生课外使用。 教学楼之间的绿地及教学楼前后绿地作为院落景观，为两边教室提供绿色景观（图 13-6）。 校前区景观由南校门、图书馆、行政楼、多功能厅及绿化组成，既是校园之景，也给城市街道增加景观空间（图 13-7）。

图 13-6　院落景观

图 13-7　校前区景观

由于建设场地地坪低于城市道路，地势低洼，为了避免大量填土工程增加造价，我们将单体建筑的底层架空，将其作为停车空间及雨天的活动空间。架空层层高为 2.2 m。

13.5　主要建筑设计介绍

1. 小学部教学楼

小学部有前后两栋，共设 24 个班，每个年级 4 个班，每栋三层 12 个班。每层为 4 个教室，供一个年级使用，一层为低年级（1～2 年级）教室；二层为中年级（3～4 年级）教室；三层为高年级（5～6 年级）教室。

平面采用南廊式，以适应冬冷夏热的气候特点。所有教室均为南北朝向，创造了很好的自然采光条件和自然通风条件。所有辅助用房布置在教学楼两端，每个教学单元均设有卫生间以及南向的教师办公室和教师休息室（图 13-8）。

教室采用边长为 5 m 的六边形平面，有利于学生的视线集中和教室音响的声音

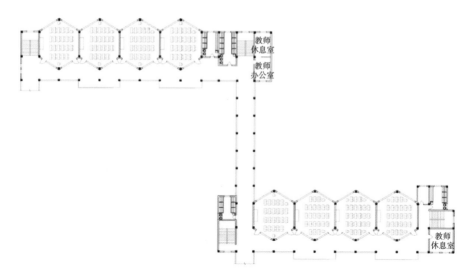

图 13-8　小学部教学楼一层平面

传播。 最佳的视区能布置最多的座位，尽量减少偏或远的视距座位数。 两侧不平行的墙面促进声波反射，改善教室音响效果。 同时，六边形教室比较新颖，能从空间形式上带给学生新鲜感（图 13-9）。

(a) 内景　　　　　　　　　　　　　　　　(b) 外景

图 13-9　六边形教室内景与外景

教学楼的设计贯彻新的教学理念，即有利于素质教育、开发创新思维的开放的教育理念。 每个教室可实现讨论式的"围圈圈"布置，为教学形式的变化创造有利条件。

除了课堂学习，彼此的交往也是学生获取知识的重要渠道。 因此，设计将教学楼的外廊局部向外拓宽至 2.4 m，为学生停留、交流提供了空间。 教学楼层高为3.6 m（图 13-10）。

(a) 外景   (b) 内景

图 13-10   教学楼外廊局部拓宽外景与内景

2. 初中部教学楼

初中部教学楼共设 36 个班，每年级有 12 个班，设计为 3 栋四层教学楼，每层为 3 个教室，每栋的底层供 7 年级使用，二层供 8 年级使用，三层供 9 年级使用。

教学楼也采取院落单元式布局，3 栋教学楼组成两个院落。院落南北间距为 25 m，教室采用南外廊、六边形平面，走廊与小学部相同。楼梯及辅助用房也布置在教学楼的两端（图 13-11）。

实验楼主要供初中部使用，因此将它布置在初中部教学楼西侧，分南、北两栋四层，采用南外廊、北外廊两种形式，也采用局部出挑加宽的做法，为学生提供停留、交往的空间。两栋实验楼之间也形成较大的院落空间。

3. 共享设施

（1）图书馆、行政楼。

图书馆和行政楼共同构成一个体量较大的建筑，布置在校园主入口的正前方。图书馆设在一层，行政楼设在二至四层，互不干扰。一层图书馆分东、西两部分，分别供小学部和初中部使用，二者也由通廊联系。行政楼可通过二层通廊与东西两侧的教学楼等部分联系（图 13-12、图 13-13）。

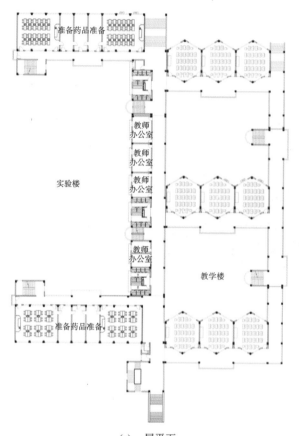

(a) 一层平面

(b) 外景

图 13-11　初中部教学楼、实验楼的一层平面和外景

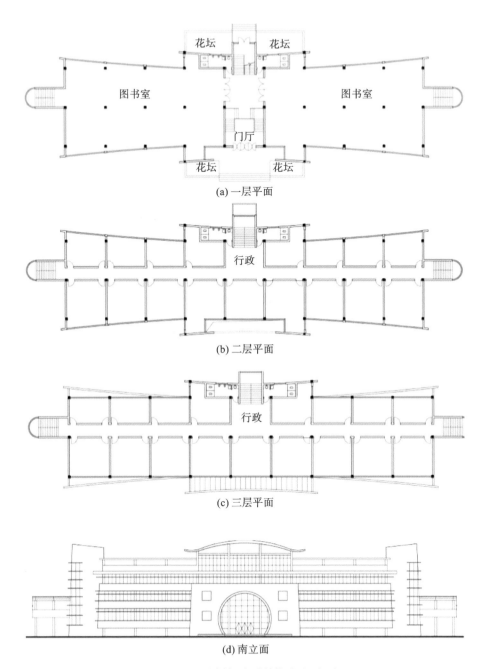

图 13-12　图书馆、行政楼的平面、立面

图13-13　图书馆、行政楼外景

（2）综合楼。

综合楼由五个六边形的平面单元组成。综合楼内布置了微机教室、多媒体教室、美术教室、音乐教室、舞蹈教室、书法教室、语音教室、科技活动室及教师会议室，共四层。综合楼内有三个六边形教室是可分可合的，按照教学需要可以灵活分隔。

（3）风雨操场。

风雨操场坐落在景观轴线的北端，采用长八角的平面，方形整体屋盖，形式新颖，时代感强。屋顶的立面似池州市第一中学的校门，使人产生与池州市第一中学的联想。

风雨操场分两层，一层的北部为教职工食堂，南部为室内乒乓球室等体育用房及器械用房；二层为大厅，中间可布置一个标准的篮球场，也可作为排球场，两边各设置6排看台，可容纳600个座位，加上临时座位，总座位数可达800个。

（4）运动场。

风雨操场东侧为300 m 6跑道的运动场，场内设跳远、标枪、铅球等设施；其西侧有 3 个篮球场和 4 个排球场,室外乒乓球台布置在教学楼的院落中。

(5)多功能厅。

多功能厅置于校前区西侧,有一定独立性,供校内、校外人员共同使用,对外使用时不影响校内教学秩序。多功能厅采用圆形平面。我们有意识地在校园中采用多种几何图形(方形、六边形、八边形及圆形),以不同的建筑形象增强校园环境的美感。

多功能厅一层可容纳 780 个座位,设有进深为 7 m 的舞台,可供会议及小型演出使用。两边有较宽阔的休息廊,也可作陈列廊。后台部分设有独立的空间,可作对外接待用房或培训用房。多功能厅也采用架空层的设计方式,底部供停车之用。

多功能厅造型结合不同的室内高度需求,设计成有动感的、螺旋式的、节节升高的形象。中间部位结合大厅的自然采光和通风,设计成一个玻璃的圆锥体,像一棵嫩芽拔地而起,也象征一束新的星光喷射而出。它是一个标志,也是校园内外的一个景点。

13.6　技术经济指标

总用地面积:	54800 m^2
总建筑面积:	27105.8 m^2
占地面积(底层面积):	8867.8 m^2
建筑密度:	16.18%
建筑容积率:	0.49
绿化率:	36.7%
运动场面积:	15745 m^2
小学部教学楼:	4344 m^2
初中部教学楼:	7118 m^2
综合楼:	5200 m^2

实验楼: 3551.6 m²

图书馆、行政楼: 2877 m²

风雨操场: 2173.6 m²

多功能厅: 1390 m²

南警卫室1、2:   40 m²

西警卫室: 12 m²

注:参加本工程建筑设计的研究生是朱忠新。

14　生态补偿营造的花园学校
——江苏省邳州市宿羊山高级中学校园规划设计

14.1　工　程　概　述

邳州市宿羊山高级中学创建于 1938 年，1998 年被批准为江苏省重点中学。2005 年宿羊山高级中学投资数千万元，在美丽的大武山脚下建设一座新校园。 新校园占地面积为 2.4×10^5 m^2，新建筑面积近 7 hm^2，设有 72 个高中班，在校学生人数为 4000～4500 人，教师人数为 250 余人。

新建的宿羊山高级中学拥有先进的教学设施，配备有一流的物理实验室、化学实验室、生物实验室。 校园计算机联网，管理程序化，图书馆藏书 10 万余册，音、体、美活动多彩。 该校以严格的纪律、规范的管理、一流的教学、雄厚的师资、优美的环境闻名于省内外，先后被评为"江苏省德育学校""淮海经济区十佳学校""邳州市名校""邳州市花园学校"等，享有较高的声誉。

这个学校被评为花园学校与新校园的规划有着一定的关系。 规划为创建"优美的环境"提供了有利的条件。 当然，空间环境的建设三分靠规划，七分靠管理，校方的运营与管理起到主导作用。 校园规划方面主要考虑了以下几点。

14.2　保护好先天有利的自然环境

宿羊山高级中学新校址选在邳州市最古老的寺庙之一——瑞香寺的旧址。 据

《邳县县志补》记载，瑞香寺始建于元朝天顺年间。 相传镇江金山寺有一高僧，从西北方追赶一只凤凰到此，这只凤凰飞到宿羊山后悄然落在主峰武山脚下。"凤凰不落无宝之处"，高僧看到这里林涛起伏，野花满坡，瑞气缭绕，于是便在这里建造了一座寺庙，名曰"瑞香寺"。 如今，新校区就选址在这个林木葱郁，三山相印的"风水宝地"。

对待如此独特的自然环境和人文环境，设计者一定要慎之又慎，尽心尽力地保护好、利用好它。 为此，我们在规划中采取了紧凑的、组团式的建筑布局策略，合理地划分功能，顺应自然，用地安排疏密有致，留出最大的场地做绿化，绿化率几乎达到50%（图14-1）。

图14-1　宿羊山高级中学校园规划鸟瞰

在校园场地内，原瑞香寺的西北侧，"有条石龙，背上清清楚楚有一腔坐印窝和一双小巧玲珑的脚印，近旁有簇山枣树，枝叶、刺针全向下而长，不远处一块巨石有双三寸金莲的履痕，下面石板上有马的蹄印。 传说是王母娘娘坐龙背为孩子换尿布，在枣树上晾尿布，走时上马留下的痕迹"[1]。 对于这样具有神话传说的古迹，我们有责任把它保护好，让其流传百世。 因此，我们在进行功能分区时，特地将它作为一个独立的区域，即保留景观区（图14-2、图14-3）。 保留景观区不仅作

---

[1] 360百科——《宿羊山》词条。

注:
1—办公楼
2—教学楼
3—实验楼
4—图书馆
5—小礼堂
6—体育馆
7—体育场
8—水上表演台
9—男生宿舍
10—女生宿舍
11—食堂
12—超市
13—浴室
14—教师单身宿舍
15—教工宿舍
16—石龙风景区

图14-2 宿羊山高级中学校园规划总平面

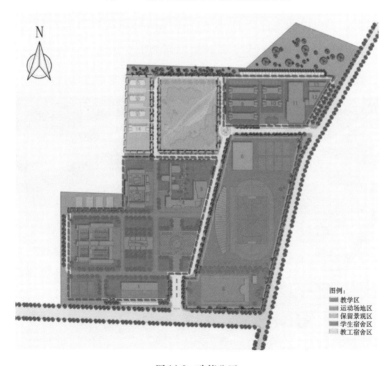

图例:
教学区
运动场地区
保留景观区
学生宿舍区
教工宿舍区

图14-3 功能分区

为校园环境的一个有机组成部分，融入教工宿舍区和学生宿舍区，作为师生观赏、生活、交流的园地，而且也对社会开放。我们在道路规划时，特地在校园东面开设出入口，一条道路直通保留景观区，方便游客进校参观。同时，我们在校园南面的出入口也设计了一条道路直达保留景观区。

14.3　变不利为有利，通过规划进行生态修补

宿羊山高级中学新校址东临省道，西临变电站，南北均为未开发之地，过去的古刹环境遭到破坏，场地地势不平，西高东低，高差近 20 m。东边的洼地因修省道时取土形成，原先的自然生态环境遭到破坏。为此，我们通过竖向设计和合理的功能分区，根据省道的路面标高及场地各处高程的变化，将校园南面和东面设计成台地形，地面标高由西向东逐段降低，即从 48 m 逐步降到 32 m。高处为教学区，低处作运动场地区。利用西高东低的地势，在运动场西边设置看台较为经济（图14-4）。通过建造看台及其他设施，将曾被破坏的生态环境修补成美丽校园的一部分。同时，我们还在洼地的积水处设计了一个水池，把雨水也保存下来。

图 14-4　运动场

14.4　结合地势、地形进行功能分区及建筑的布局

除保留景观区外，学校功能分为教学区、运动场地区、学生宿舍区和教工宿舍区。

教学区包括教学楼、实验楼、图书馆及小礼堂等，布置在校园的西南部，处于校园的最高地段（46～48 m）。

运动场地区包括400 m标准跑道田径场、各类球场及体育馆、看台等，布置在校园东南部地势最低的地段（32 m）。

学生宿舍区包括男生宿舍、女生宿舍、食堂及浴室等，布置在校园北部标高为42～44 m的地段（图14-5）。

图14-5　学生宿舍区和教工宿舍区

教工宿舍区包括教师单身宿舍和教工宿舍，布置在保留景观区的西侧，标高为43 m的地段上（图14-5）。

每一个区域的建筑都采用紧凑的建筑布局，并都尽量放置在区域地块的边缘。

每一组功能区都留有开阔的室外空间，高低错落有致，为创建优美的校园环境提供了有利的条件。

14.5　充分利用自然阳光的建筑设计

校园内的所有建筑，不论是教学类的建筑，还是生活性的建筑，其主要使用部分一律为南北朝向布置。设计创造最佳的自然采光条件和自然通风条件，以节约能源，这是绿色校园建筑设计的一条基本的原则。

1. 教学楼

我们根据 72 个班的规模，设计了三幢教学楼，每幢四层，每层六个教室，每幢就有 24 个教室，三幢共有 72 个教室，满足 72 个班同时上课的需要（图 14-6）。

图 14-6　教学楼设计

三幢教学楼布置在教学区的最西边地势最高处，远离东边省道，距南边城镇干道 80 m 以上，保证了教学所需的安静的环境。

每一幢教学楼都采用南外廊的平面布局形式，每层六个教室并联布置，通过南外廊连成一体。男厕所、女厕所分别布置于教学楼的东西两端。三幢教学楼之间用交通走廊和楼梯相连接，每两幢之间的南北间距都为 25 m，既满足了日照要求，又达到了隔声距离的要求。

每幢教学楼分为两个部分，四个教室为一部分，两个教室为另一部分。根据地势的高低，四个教室的这部分置于 46 m 标高处，两个教室的这部分置于 48 m 标高的台地上，两者之间走廊的交接处设有台阶。

2. 实验楼

实验楼置于教学区的北侧，环形道路西侧。我们按照物理、化学、生物三个科目设计了三幢建筑。三幢实验楼中的南面一幢实验楼为物理实验楼，每层有两个实验室及一间辅助室；北面一幢为化学实验楼，每层设两间实验室和一间辅助室；中间一幢为生物实验楼，设有实验室、语音实验室等。三幢建筑均采用南外廊，前后用外廊连成一个整体（图 14-7）。

图 14-7　实验楼

3. 图书馆、小礼堂

作为校门的对景，图书馆、小礼堂成为校园地标性的建筑。建筑围绕中心庭院布置，图书馆在前，小礼堂在后，其间以外廊相连，形成了一个有机整体，与西边的实验楼遥遥相对。虽成一体，但互不干扰，出入口彼此分开，各有独立的出入口。图书馆由南面出入；小礼堂可由南面和西面出入，与实验楼、教学楼联系方便。其主要功能用房都为南北向布置，因此具有最佳的自然采光条件和自然通风条件。

4. 办公楼

办公楼靠近校门，对外联系方便。办公楼包含行政办公室与教师办公室，这也是为了布置紧凑，节省土地。行政办公室在东边，教师办公室在西边，使用方便。

上述建筑共同围合成校园中心广场。校园中心广场设计了大面积的绿地，校园开阔、美丽。

学生宿舍区中的男生宿舍、女生宿舍都采用南北朝向设计。男生宿舍3幢，每幢5层，用内廊式平面布局，每间住8人。女生宿舍2幢，布局与男生宿舍相似。男生宿舍卫生间布置在东西两端，女生宿舍卫生间布置在走廊的中部北侧。男生宿舍和女生宿舍每层东西两端都设有休息室（图14-8、图14-9）。

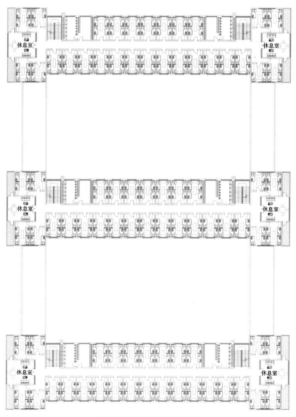

(a) 男生宿舍标准层平面

图14-8　男生宿舍标准层平面和立面

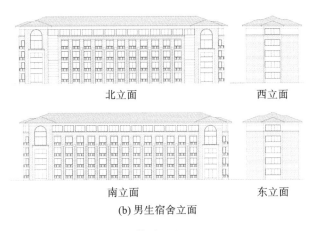

北立面 西立面

南立面 东立面

(b) 男生宿舍立面

续图 14-8

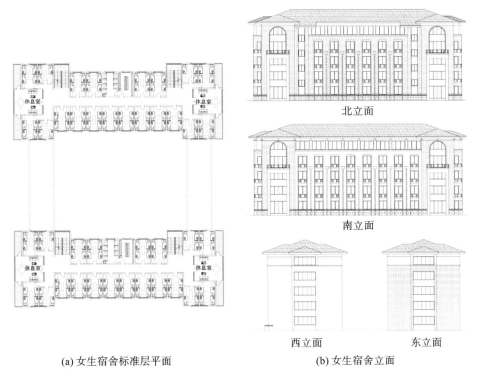

北立面

南立面

西立面 东立面

(a) 女生宿舍标准层平面 (b) 女生宿舍立面

图 14-9 女生宿舍标准层平面和立面

15　覆土建筑探索

——厦门丽心梦幻乐园规划设计

15.1　工　程　概　述

1996 年，台湾一位投资商拟在厦门市区公园内兴建一座乐园。 投资商找美国一家建筑师事务所做乐园规划设计方案。 结果该方案内容仅是一些国外乐园游玩项目及其设施的展示，与建筑规划设计方案的要求相差甚远。 当时有人向投资商推荐了部分大学建筑院系单位，认为可利用暑期邀请他们来设计。 投资商听从了这个意见，于是邀请了清华大学、东南大学、天津大学、同济大学及西安建筑科技大学等单位的教授来主持设计。 当时我在东南大学带领研究生参与了这项设计工作。

在这次设计工作中，我们遵循可持续发展的思想，并把它作为我们规划和设计的指导思想。 要使新建的乐园不破坏原有的公园环境，使新建的乐园成为公园的一个有机组成部分，相互补充，更增加公园的乐趣，同时也要在有限的用地空间内创造最佳的土地利用效益，从而达到经济效益、社会效益和环境效益的统一，最终达到可持续发展思想的要求。

15.2　丽心梦幻乐园规划总体布局

乐园场地位于公园东北角，湖滨东路北端（图 15-1），规划用地面积为 10.1 hm^2，有较大的水域面积，可供规划的陆地面积有限。 为此，我们尽量采用紧凑布局，以

图 15-1 乐园位置

充分发挥土地效益。 我们将乐园入口选在场地东北处，远离公园入口，使两者相对独立又相应分散人流。 我们将长 220 m 的场地沿街面规划成曲线形开敞的商业街。它既富有动感，增加乐园气氛，具有很强的导向性，又充分发挥临街的土地使用效益，增加了商业空间，能够带来日后持续的经济效益。 我们将广场的圆心与场地上一个山丘的中心相连，构成一条长长的中心轴线。 中心轴线与湖滨东路成 30° 的夹角，恰好是正南北向。 乐园入口前的圆形广场、拱形大门入口、室内游乐园前广场、室内游乐园集中布置在轴线上，轴线的结束部分为湖滨露天剧场。 整个布局具有强烈的空间序列感。 这样严谨的中轴线布局与曲线形的商业空间布局形成了鲜明的对比。 这样的布局在有限的场地上显得极为紧凑，形成了一个密集的都会型的乐园（图 15-2、图 15-3）。

总体布局根据场地现有的地形、地貌，将乐园分为室内游乐园和室外游乐区两大部分，并穿插和过渡功能内容。 室内游乐园采取集中布置，室外游乐区则分散布置于湖中节制闸的两侧，并分为 A 区、B 区、C 区三个游乐区，见图 15-4。

A 区布置在节制闸的东北侧，游乐项目为"激流勇进""勇敢者转盘""月球漫步""海盗船"等。

B 区布置在节制闸的西北侧，游乐项目为"有童趣的迷你船""迷你小蜜蜂"

图 15-2　厦门丽心梦幻乐园模型

图 15-3　乐园中心轴线上的布局

"自控飞机""旋转马车""荷花杯""滑行龙""欢乐球"和"双人飞天"。

　　C区布置于湖心岛，自成一体，与乐园主体通过两座金属玻璃廊桥及一个大型球体建筑连接，外部形象如中国神话中的"双龙戏珠"。夜晚，透过灯光，游荡在湖面的"双龙"更是栩栩如生。湖心岛上布置有丰富的游乐设施，有野生动物保护

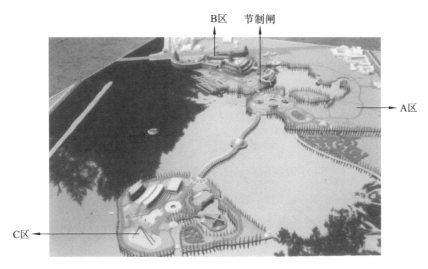

图 15-4 室外游乐区布置

区、情侣园、室外动物表演剧场。 相对安静的游乐设施及餐饮设施分别布置在南北、东西两条轴线上。

乐园游览路线采用环形路线和放射形路线相结合的方式。 各种游乐设施分布于环形道路两侧,游客依次游览,也可灵活选择。 湖心岛则采取放射形,自成体系,但它又是大环中的一环。 大型游览车作为全乐园的视觉焦点,被布置在环形道路旁的湖面上。 本方案还设想在全乐园设置空中轻便高架车,并在各区设站,将各区连接成一个整体。 空中轻便高架车作为园内公共交通工具,可减少游客长时间步行的疲劳感,也增强了乐园的趣味性。 公共交通通道对湖中的堤坝加以利用,有利于发挥堤坝的土地效益。

15.3 主体建筑设计

主体建筑包括室内游乐园和沿街商业建筑。 建筑设计充分考虑当地的气候特征、场地的地形、地貌等自然条件,坚持按绿色、生态及可持续发展的思想去规划设计。 该场地有限的陆地上有一座山丘,山丘位于场地的要害位置,建筑布置必然要涉及它。 山丘呈三角锥体,在乐园中位于制高点,又靠湖边,构成山水相连之景观。室内游乐园布置在这个位置，如果把山丘推平，就会影响原有的自然景观。为此，室内游乐园平面空间组织尽量顺应山丘的地势，借鉴厦门市市花——三角梅的形象，采用三面退台式建筑形式。通过层层缩小体量，留出大片屋顶平台，上面覆土，做成屋顶花园，并利用倾斜的覆土建筑外墙种植绿被，实施垂直绿化。局部堆土造山，仿原来的山丘之势，保持原山水相连的自然景观，创建了良好的城市建筑生态效果。建筑底层基本上被填埋于土中，二、三层忽隐忽现于屋顶绿化中。室内游乐园的中庭上空采用玻璃屋顶，高出屋面，与蓝天白云交相辉映。

室内游乐园的中庭与各层空间彼此连贯，上下相通，创造了"不求最大，但求最好"的空间环境。门厅内设置景观电梯，穿过屋顶，可观赏乐园及城市景观。此处成为乐园的一个亮点，也成为乐园中一个标志性的建筑——塔楼，见图 15-5 及图 15-6。

图 15-5　室内游乐园的中庭

厦门属亚热带海洋性季风气候，温暖湿润，光照条件优越，雨量充沛，冬无严寒，夏无酷热，年平均气温为 21 ℃。因此，我们在设计室内游乐园时，层层都设计有外廊，与屋顶花园共同构成休息场所。每层屋顶花园都方便游客休憩娱乐，见图 15-7。它也与厦门传统的骑楼形式相呼应，表现了地域性的建筑特色。

此外，由于该场地陆地面积较小，我们在规划设计中充分开发利用空间，具体表现在以下几方面。

图 15-6 室内游乐园内景模型

图 15-7 室内游乐园外观模型

（1）利用山丘地势，做成下大上小、逐层退台的锥体式设计。

（2）利用退台屋顶，开辟屋顶花园，提供更多的休闲场所。

（3）利用圆形广场开发地下空间，将其作为歌舞厅，既创造了广场效益，又提高了土地的使用价值。歌舞厅可以单独对外开放，便于经营，它产生的噪声又不会影响城市周围环境。

（4）中心轴线尽端的湖滨露天剧场与可容纳 250 人的室内小剧场可重叠使用，

彼此又不相互影响。

（5）将一层儿童世界和反斗城的屋顶作为室内游乐园的前广场，可谓"占地还地"的高效土地利用。

（6）将室内游乐园一层地下空间作为"保龄球馆""恐怖城""小游园"等。

沿街商业建筑为两层，均设计为曲线形，并沿用厦门传统的骑楼形式，商业空间既连接成整体（图15-8），又可分可合，以适应市场的需要。同时，二层可设置夹层，以提高经营效益。两层商业街被赋予不同的功能，底层商业街为入园游客服务，将游客导向游乐园；二层商业街则为出园游客服务，可供游客购置纪念品，将游客导向停车场，使进出游客人流分开。

图15-8　曲线形商业街

15.4　建筑造型设计

在考虑场地特点，满足功能要求，注意经济效益的前提下，我们努力创作梦幻、欢乐和独特的建筑风格，努力圆"丽心"之梦，具体表现如下。

1. 空间布局的独特性和象征性

曲线形的商业街和"三角梅"式的平面，都是独特的。前者宛如一条金色的项链，后者犹如一块美丽的翠坠，圆形广场则像一个巨大的耳环。本设计及其寓意尤为受到投资商的钟爱。

2. 造型的标志性和环境的整体性

不论从湖滨东路、湖的对岸还是公园内，都可看到塔楼。它作为乐园入口的主要对景，也是公园中重要的新景观，具有鲜明的标志性。考虑到塔楼与公园四周环境的关系，它的体量、高度不能过于张扬，应为环境增美，而非反其道而行之，要努力将它与环境融合，见图15-9。

图15-9　乐园街景造型

3. 生态建筑造型及生态城市景观形象

本设计变光秃秃的山丘为层层跌落的园林景观，将建筑与绿地整合为一体，使人造建筑环境与自然环境共生共存，既避免了用挖土机推平山丘，又充分地利用了自然阳光，减少了能源的消耗，体现绿色、生态及可持续发展的设计思想。

4. 充分创造白昼化的夜间造型效果

圆形广场周围建筑采用玻璃廊顶。连接湖心岛的"双龙戏珠"廊桥也采用半球形玻璃拱顶。 夜晚灯火通明，它们就犹如一条条金色的卧龙；拱形大门和标志性的塔楼借助灯光勾勒出简洁而动人的轮廓。 塔楼的两部景观电梯也增强了夜间景观的动感和吸引力。

由于最初选址不当，不宜在市区公园内建此乐园，此设计未能实施，实为遗憾。

注：参加本工程建筑设计的研究生是吴锦绣。

16　尊重自然　善待自然
六地平安新府设计
——安徽省六安市行政中心规划设计

16.1　工程概述

六安市行政中心位于六安市新区，与规划中的体育中心相邻，位于佛子岭路和宁平南路之间，见图16-1。

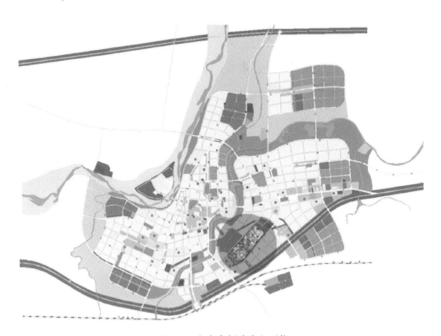

图16-1　六安市行政中心区位

行政中心作为六安市发展过程中的重要里程碑和六安市新区中心，不仅要注重自身形象的象征意义，而且要延续传承六安市传统历史文化的特点。六安历史悠久，4000 多年前，"上古四圣"之一皋陶后裔封于此，故六安称为皋城；公元前 121 年汉武帝取"六地平安"之意置六安国，六安之名沿用至今。六安地处大别山北麓，历史悠久，是中华民族古代文化发源地之一，也是著名的革命老区，走出了 108 位开国将军，享有"将军摇篮"的美誉，故六安称为"红色城市"。六安拥有绿水、青山、红土地，古韵淳风，生态环境优良。巍巍大别山，滔滔淠史杭，山高水长，山清水秀，形成了六安独特的生态系统。六安素有"白鹅王国""羽绒之都"美称，是安徽省最大的林业基地，故六安又称为"生态城市"。

在这样的"历史古城""红色城市"及"生态城市"规划建设新的城市行政中心，的确是一个很大的挑战。我受人推荐，接受了这项设计任务。这块场地用地面积为 $2 \times 10^5 \ m^2$，周围尚无任何建筑。场地自然环境很好，是一片丘陵地，有多个山丘和较大的水面，自然地形地貌高低错落。基于这样的自然因素、经济因素和社会因素，我当时的想法就是最好不要盖高层，应该尽量利用有利的自然条件，少破坏地形、地貌。并且，高层的建设费用和运营费用都比较高。

为了更形象、更具体地开展交流、对话，我们做了两组方案。方案一是依建设方的想法——高层建筑方案；方案二是我们设计者的想法——多层建筑方案。我们从可持续发展的角度深入分析，详细介绍了两个方案的各自特点，特别介绍如何使自然生态环境受新建建筑的影响最小，如何使人造建筑环境融入场地的自然环境，如何创造人造环境与自然环境和谐之美，并强调六安是自然生态很好的城市，设计要为生态城市增美，而不能为它减分。同时，我们也做了经济性的比较，说明二者的不同。我们强调设计要尊重自然、善待自然、回归自然，这是设计的基本出发点。只有在保护自然的基础上才能正确地回归自然。在回归自然的同时，建筑也能与环境有机地融为一体，并为环境注入生气。基于这样的思想，我们对地形、地貌采取亲和的态度，充分地、最大限度地结合地形地貌进行设计。

此外，我们强调设计要寻求最少的能源消耗，最少的资源消耗，最少的污染产生，最大限度地利用自然要素，从而达到社会效益、经济效益和环境效益的统一。采用方案二有利于达到这样的目的，也符合六安市现实的社会条件和经济条件。

方案二是在认真分析场地自然条件的基础上，根据建筑的功能要素，把内在要求和外部条件结合起来进行构思设计的。我们提出了多层院落式单元组合方案，将行政中心的功能分为 5 个组团，分别置于场地不同标高的位置。对于 4 个部门用房，将每一个部门用房设计为一个组团，因地制宜，分别置于丘陵地的 4 个高地上，会议中心作为第 5 个组团置于中心，4 个部门用房则围绕着会议中心进行布置，它们相互之间既分又合，围绕会议中心布置也寓意着 4 个部门"团结一起，共商国是"，见图 16-2。

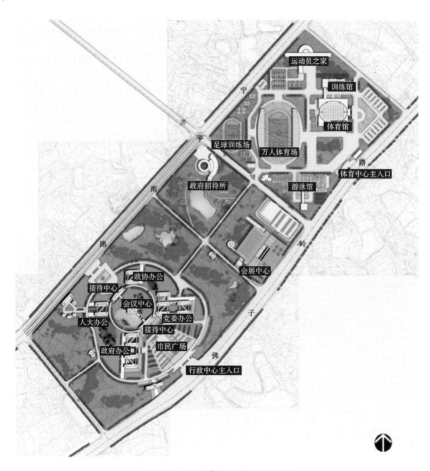

图 16-2 六安市行政中心总平面

经过深入交流、对话，建设方同意了方案二，最后按方案二设计建成。六安市行政中心成为安徽省内有影响力的建筑。

16.2　规划设计概念

在这个行政中心规划设计中，可持续发展的思想主要体现在以下几方面。

1. 坚定的生态理念，深深的绿色情怀

设计充分利用场地特有的自然地理优势，对原有的丘陵高地和水系进行整合利用。原有的水域全部保留，行政中心的中心绿地将其中一片水域与会议中心紧密结合在一起，另外三片水域保留，供以后再开发利用。针对场地地形的高差起伏，我们结合地形高差，因地制宜，因势而置。我们把4个部门用房作为4个组团，分别置于4个高地上，各组团顺应地形，采用架空层设计，车库就设在架空层内，这样就无需地下室，也无须大量开挖土方，不仅降低了建设造价，也减少今后的使用能耗（图16-3、图16-4）。

图16-3　行政中心鸟瞰

在总平面道路交通组织设计中，我们尽量沿着等高线及水系设置环形道路，最大限度地减少对地形地貌的破坏。

(a) 党委办公

(b) 政府办公

(c) 人大办公

图 16-4　4 个部门用房

(d) 政协办公

续图 16-4

2. 理性的空间结构，自然的采光与通风

按照行政中心的功能特性，宜采用轴线对称式布局。中轴线宜与主干道佛子岭路垂直。传统布置建筑的方式是垂直于中轴线布置，但是按照这条轴线布置的话，建筑的朝向都要偏东南45°，对该地区来讲是不恰当的。六安属于亚热带季风气候区，冬冷夏热，夏天东西晒将是很严重的，这样势必会增加空调能耗，造成能源浪费。为了解决这个矛盾，有效地利用自然的太阳光，我们让四个组团建筑分轴线与主轴线45°交叉，4个组团建筑都分别垂直或平行于这些分轴线布置，这样就保证了所有的办公楼建筑都为正南北向，为自然采光和自然通风创造了最佳的条件（图16-5），较好地处理了场地方位与朝向的矛盾，而且创建了一个轴线严谨、分区合理、朝向良好的理性的布局结构。

3. 以人为本，尽力体现人文精神

行政中心结合地形地貌，采取相对集中、聚散适宜、院落式的组团总体布局方式，既创造了有利于表现行政中心庄重氛围的轴线，又合理解决了这些轴线与建筑方位、朝向的矛盾。多层次的庭院彼此串联，构成了行政中心的基本空间框架。各部门之间可分可合，为工作人员创造了较好的工作环境。

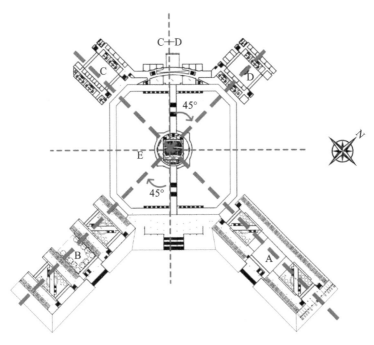

图 16-5　轴线设置

　　总平面规划布局提供了不同层次的开放空间。 主轴线上有供市民活动的市民广场、中心绿化庭院。 每个组团又有宽阔的内院，从而形成了四组院落围绕一个大的中心庭院的形态，提供了有效的室外空间活动场所。

　　人的行为是整个设计过程重点关注的问题之一。 尊重人的行为轨迹，设计空间的序列，努力塑造场所空间的鲜明特性，在充分研究、尊重人的行为轨迹的基础上协调好人车交通功能，同时设计好景观功能和场所气氛塑造功能。 在交通组织中，环形道路为机动车道，环形道路以内主要为人行道和非机动车道，市民广场不受机动车或非机动车干扰。 各组团人车分流，分别从组团庭院的两侧进出。 4 个部门用房分别设有独立的人行出入口、车行出入口，互不干扰。 工作人员进出每个组团既方便又快捷高效。 4 个组团之间有环形通廊相连，保证了工作联系的方便，还能使人欣赏通廊两侧的庭院景观。 设计创建了自然花园式办公环境，让每个组团的工作人员透过窗能欣赏绿色的庭院景观，享受自然阳光和穿堂风，充分体现了人对自然的向往。

　　行政中心 4 个组团的建筑都采用四坡顶，青灰瓦屋面，浅白的墙面，宽大明亮的窗户，塑造了适宜的尺度。 建筑外形简洁明了。 建筑主入口设于市民广场的主轴线上，对市民广场开放。 设计将党委办公与政府办公面向市民广场，对称置于主轴线的两侧，呈八字形展开，为市民广场创建了围合空间（图16-6）。

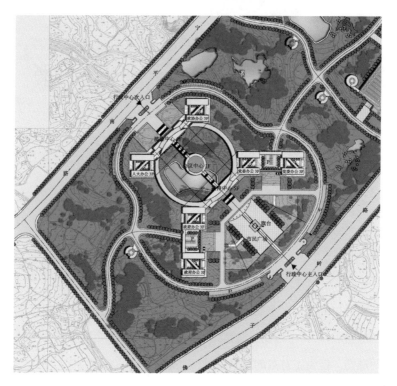

图16-6 4个组团布局

人大办公和政协办公布置在主轴线的另一端，从宁平南路进出，两者之间形成一个开放式的入口广场（图16-7）。 人大办公置于入口广场的左侧，政协办公布置在右侧。 这样的布局方式充分体现了它们与党委办公和政府办公的关系（图16-8）。

4. 开放建筑设计理念，为建筑长效使用、高效使用创造了有利条件

该行政中心4个办公组团的各幢办公楼都按照开放建筑的理念设计，为建筑的长效使用创造最强的灵活性和适应性，提供的空间构架也具有很强的灵活性。 所有办公楼的柱网都是一致的，即8 m×8 m，层高也是相同的，减少了建筑构件类型和型号，提高了建设效率，增强了建筑的经济性。 采用8 m×8 m的柱网为水平方向分隔房间提供了灵活性。 可以将一开间分隔为两间办公室，也可以将一开间作为一间大的办公室或会议室，见图16-9。

(a) 人大办公与政协办公

(b) 党委办公与政府办公

图16-7 入口广场

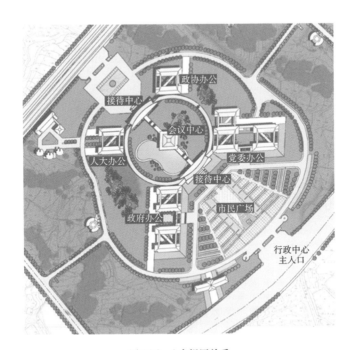

图16-8 4个组团关系

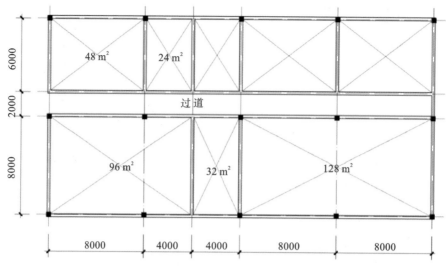

图16-9　水平方向的房间分隔

此外，每幢办公楼的架空层都可作为车库使用，每开间设 3 个车位（图16-10）；顶层可以采用屋架，取消中间一排柱子就能得到更大的空间，可作为大型会议室、小礼堂、报告厅、讲演厅等公共文体活动中心，见图16-11。

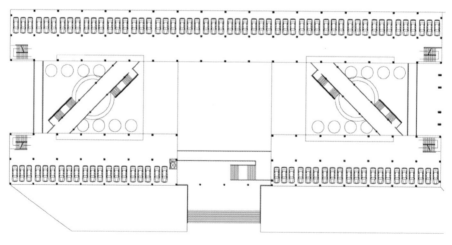

图16-10　架空层平面

按照开放建筑的设计原理，每幢办公楼除了按统一开间、统一跨度和统一层高"三统一"的模数制设计，还具有更强的空间弹性。我们将基本使用空间（办公室等）设计为可变空间，将服务空间（如卫生间、楼梯间及设备间等）设计为不变空

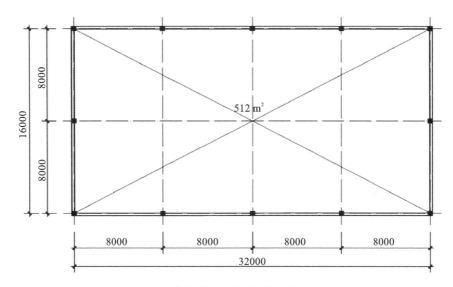

512 m²

图 16-11 顶层大空间平面

间，把它们集中布置在建筑的东西两端，把平面中间可变部分做到最大，使它具有最强的灵活性，同时也使南北两侧的工作空间能有好的自然采光和通风，为室内创造了较舒适的物理环境。这样的工作环境和条件有利于提高工作人员的效率（图16-12、图16-13）。

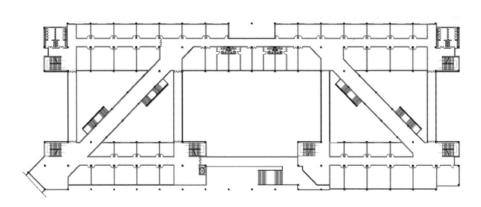

图 16-12 党委办公组团平面

通过上述设计构思和设计策略，行政中心的建设取得了令人满意的效果。该设计将该市的历史文化与现代城市建设氛围融合，表达了对现代六安"六方平安"的美好祝愿。设计不仅活跃了新开发地段城市空间的气氛，同时也给新开发地段注入

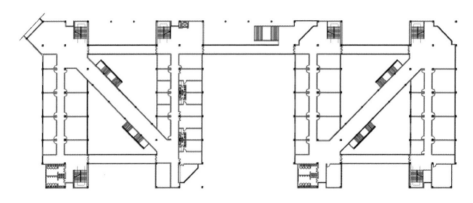

图 16-13　政府办公组团平面

了时代的活力，为六安增添了新的光彩。

　　此外，行政中心坚守了可持续发展的设计思想，真正做到尊重自然、爱护自然、保护自然、结合自然。 不仅如此，设计还引入周边的风、林、山以及人文景观，形成天、地、人合一的人造环境，使行政中心成为具有前瞻性的可持续发展的建筑。 设计整合优良的自然环境并完善行政办公环境的同时，进一步提升了行政中心的环境质量和文化品质。 通过设计的开放性，突出了政府的透明性。 这个建筑的设计建成，也为生态城市六安增添了新的亮点。 建成后的景象如图 16-14 所示。

(a) 会议中心主要入口外观

图 16-14　建成后的景象

(b) 行政中心入口广场外观

(c) 党委办公组团外观

(d) 政府办公组团外观

续图 16-14

(e) 入口广场一角

(f) 政府办公组团全景

(g) 会议中心外观

续图 16-14

(h) 会议中心内景

续图 16-14

注:本工程的主要设计师是鲍冈,参加本工程建筑设计的研究生是刘锷东。

17 一个可感知的绿色建筑设计

——安徽省六安市城乡规划展览馆建筑设计

17.1 工程概述

六安市城乡规划展览馆位于安徽省六安市南部政务新区内，在市行政中心西南角，南临佛子岭路（图17-1）。 六安市城乡规划展览馆总用地面积为22000 m²，总

图 17-1 六安市城乡规划展览馆区位

建筑面积为 11000 m^2，展览面积为 6400 m^2，附属及办公用房面积为 4700 m^2，投资 6000 余万元。

六安市城乡规划展览馆是政府对外推介六安城市形象的重要窗口，是展示六安城市发展历程和现代化建设成果的重要平台，是广大市民和社会各界了解城乡规划、参与城乡规划的重要场所，是专家学者进行规划论证和学术交流的首选之地。

总体设计遵循适用、经济、绿色、美观的基本原则，在对功能特性、场地文脉和技术条件的深入研判下进行，力求体现突破传统、积极进取、厚积薄发的时代精神。设计贯彻和推动低碳环保的城市建设理念，并借此增强市民的认同感、成就感，提高城市知名度。总体布局及单体设计遵循绿色建筑可感知的三个要素。

17.2 结合地形进行总体布局，表现其在地性

建筑场地延续了行政中心的丘陵缓坡地形，南低北高，高差近 5 m。总体布局充分结合地形，尊重自然特征，建立与场地特质相关联的空间场所和建筑形态。展厅置于场地南侧较低处，其上以植草屋面覆盖，屋面向北延伸，与坡地直接相连。办公用房及辅助用房则置于场地北侧，其建筑上部为办公用房，底部为库房及设备技术用房，并与展厅相连（图 17-2、图 17-3）。

展厅出入口面向两侧城市道路。办公出入口位于场地后方坡地上，沿用地边线环路进出。

总体设计一气呵成，功能分区合理明确，流线组织清晰便捷，建筑形体新颖简洁，充分体现了绿色建筑可感知的要素之一——在地性。

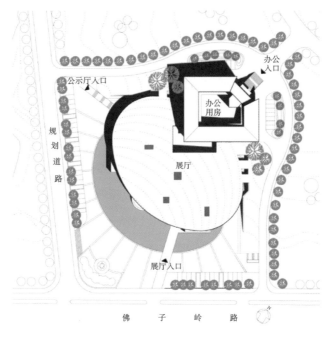

图 17-2　总平面

图 17-3　建成后的航拍

17.3 从适用、现实条件出发进行单体建筑设计，体现绿色建筑的适应性

适应性是可感知的绿色建筑要素之一。因此在进行建筑设计时，无论是建筑空间的布局，还是建筑结构及其造型，都充分考虑其功能的适用性、当地建筑技术及可供材料的现实性。

考虑到当地施工技术条件限制和投资控制等因素，覆盖整个展厅的双曲屋面并未选用展览建筑常用的大空间结构，而是在方案阶段即说服建设单位引入展览策划机构，根据各展厅的空间尺度要求，采用混凝土框架结构，化大为小，确定合理的结构柱网，并借助三维信息化设计软件精心设计。这样大大简化了结构，方便施工，也节约投资。

按照覆土建筑理念，将展厅屋面设计成植草屋面。该屋面为当地最大的植草屋面。建成后的外观和使用效果较好地实现了设计预期。

根据展览建筑的功能特性，要合理地组织参观路线，满足"三线一性"（即参观路线、光线、视线及艺术性）的要求，并让参观者看得见、看得清、看得舒适，这就需要科学合理的采光设计。此外，对展览建筑来说，灵活性是组织参观路线、进行展品陈列布置的重要要求。为此，设计采取了大空间的形态，为空间使用的灵敏性创造了较好的条件。

展厅一层设有门厅、序厅、数字沙盘展区、城市建设展厅、4D 影院、学术报告厅、规划公示厅、接待室等主要功能（图 17-4）。

展厅二层局部设夹层，并设置临时展厅，满足多层次的展示需要（图 17-5）。

办公区局部五层，包含城建档案馆库房及设备、技术用房等功能空间。

档案室及设备、技术用房位于底部两层，可通过庭院获得自然采光与通风（图 17-6）。

三至五层为办公用房，采用内院式平面布局，使办公区具备贴近自然的人性化环境（图 17-7、图 17-8）。

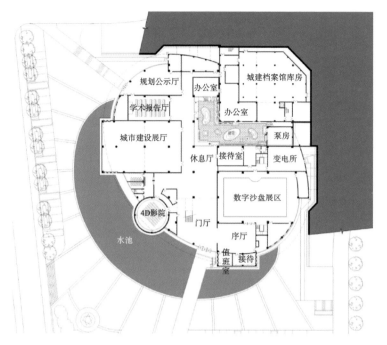

图 17-4　一层平面

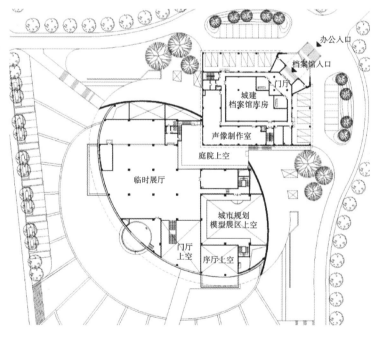

图 17-5　二层平面

图 17-6　剖面

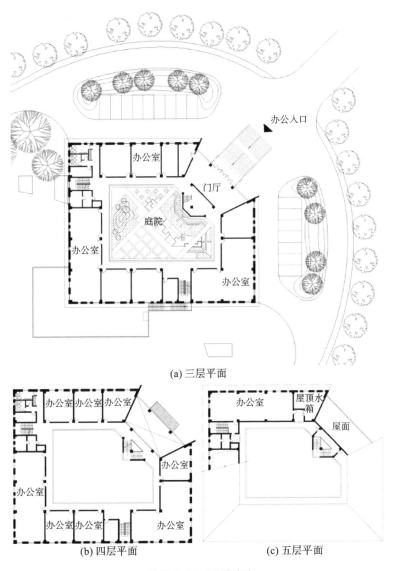

(a) 三层平面

(b) 四层平面　　　　(c) 五层平面

图 17-7　三至五层平面

图 17-8　通过庭院创造自然采光和通风

　　展厅的采光都采用顶侧式，将光线直接投射到展品上，保证了较好的参观视觉效果（图 17-9）。

图 17-9　展厅采光实效

17.4　独特的造型语言及建筑形态，增强建筑的可识别性

　　可识别性也是绿色建筑可感知的要素之一。这对我国城市建设而言是非常重要的一个要素，也是一个现实的要求。

展厅巨大的植草屋面延续了场地后部自然的丘陵地貌，缓缓伸向城市天空，仿佛掀起一片绿地。 而其覆盖的尺度各异的展示空间，则浓缩了城市的历史、现在和未来（图 17-10～图 17-12）。

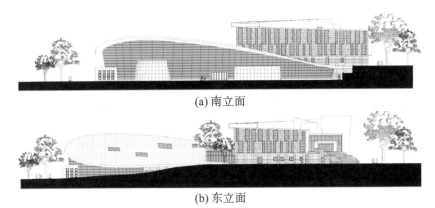

(a) 南立面

(b) 东立面

图 17-10　展厅立面

图 17-11　建筑外观 1

深远的挑檐勾勒出一道弧线，好像开启了城市时空之门；微微向内倾斜的光洁的玻璃幕墙在阳光和水池的映射中，见证着城市的变迁。 办公区简洁的体量与展厅形成鲜明而极具张力的对比。 沿立面四周逐渐升起的屋檐，使简单的形体产生微妙的轮廓变化；屋檐之下的建筑表皮是连续的黑色板岩幕墙，赋予建筑外观整体性和韵律感。 精巧而仔细的设计，使板岩这种常见的天然材料展现出独特的表现力（图 17-13、图 17-14）。

图 17-12　建筑外观 2

图 17-13　办公区与展厅组合外观

图 17-14　建筑入口外观及外墙面的处理

鉴于展览馆的使用特性，运营成本控制是需要慎重考虑的问题。在六安市城乡规划展览馆的建筑设计中，为降低空调能耗，采用了地源热泵空调系统和植草屋面等技术措施（图 17-15）。同时，内庭院和局部屋顶天窗的设置，可有效为建筑提供日间照明和季节性的自然通风（图 17-16）。

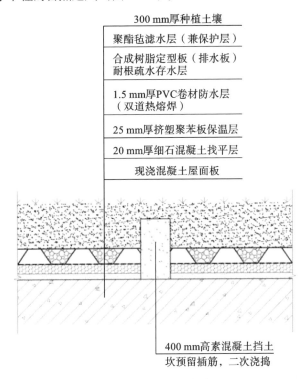

300 mm厚种植土壤

聚酯毡滤水层（兼保护层）

合成树脂定型板（排水板）
耐根疏水存水层

1.5 mm厚PVC卷材防水层
（双道热熔焊）

25 mm厚挤塑聚苯板保温层

20 mm厚细石混凝土找平层

现浇混凝土屋面板

400 mm高素混凝土挡土
坎预留插筋，二次浇捣

图 17-15　植草屋面大样

通过一年多的运营，上述设计措施在节能环保方面取得了明显的效果，也为当地推行低碳城市和绿色建筑的建设理念起到了很好的示范作用、促进作用。

六安市城乡规划展览馆的设计和施工历时两年多，于 2011 年 10 月开始试运行，并于 2012 年 7 月通过正式竣工验收（图 17-17）。

六安市城乡规划展览馆开馆以来，接待了大批参观者，获得了广泛的好评，被称为六安市的新名片。

该工程曾于 2011 年被安徽省建设工程质量安全监督总站评为"安徽省年度代表工程"，并通过了 2012 年安徽省建设工程"黄山杯"奖的评选。

社会各界的认可表明，在多方共同努力下，该工程圆满地达到了预期目标，实

图 17-16 自然采光和自然通风的空间组织

图 17-17 竣工后的建筑外观

现了社会效益、环境效益和经济效益的共赢。

通过六安市城乡规划展览馆的设计实践，我们更深刻地认识到，在新的历史条件下，尽管存在着地域性的经济发展差异和文化发展差异，适用、经济、绿色、美观的建筑方针仍然具有普遍的现实指导意义。建筑师应坚持将其作为建筑创作的基本原则，并将绿色建筑可感知的在地性、适应性及可识别性三要素作为可持续建筑规划设计构思的出发点和目标，结合科技和环保的发展理念，以实际作品对其进行新的解读。

注：本工程主要设计师是鲍冈。

18 保护与发展并举，文化与经济并重

——徐州市戏马台历史街区建筑规划与设计

18.1 工程概述

戏马台是徐州现存最早的历史文化古迹之一。公元前206年，被誉为身经百战的英雄项羽灭秦后，自立为西楚霸王，定都彭城（今徐州）与城南里许的南山（也叫户部山），上构筑崇台，以观将士操练戏马，故名戏马台。台上历代营建了不少建筑，如台头寺、三义庙、名宦祠、聚奎书院、耸翠山房及碑亭等。这些建筑随历史变迁，大多数都不存在了。戏马台于20世纪80年代进行了整修，建成了一个仿清官式建筑的仿古建筑群，重放异彩。整修后的戏马台分为两区，前区为一亭、东西两院格局，东院称"楚室生春"院，由回廊、雄风殿和东西配殿组成。殿前立有西楚霸王项羽的雕像，建筑红墙黄瓦，雕梁画栋，以丰富多彩的展品，展示了西楚霸王项羽悲壮的一生。西院称"秋风戏马"院，戏马堂系该院的主殿。后院为户部山明清古民居——郑家大院。戏马台现为徐州市文物保护单位（图18-1、图18-2）。

户部山一直是明、清、民国时期徐州的文化中心，官绅富户大院众多，有李蟠状元府、崔焘翰林府、郑家大院、余家大院、翟家大院及号称"徐州第一楼"的李家大楼。徐州保存完好的明清古民居400余间，民国房屋700余间，较为完整的院落20余座。这些历史建筑承载着徐州城几千年的风雨沧桑，是政治、经济、文化的缩影。

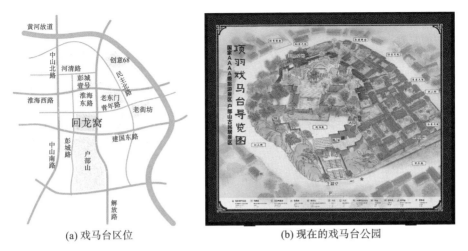

(a) 戏马台区位   (b) 现在的戏马台公园

图 18-1　戏马台 1

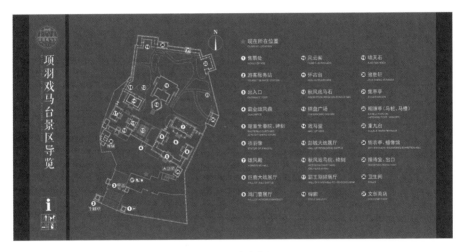

图 18-2　戏马台 2

18.2　两个"并举"的指导思想

　　这块建设场地是徐州市区内重要的文化历史地块。保存较好的四大家族民居就坐落在戏马台公园的东侧和建设场地的西南角，均属需要保留的传统建筑。另外，在场地的北面，还有四幢保存较好的建筑也需要保留。场地的东南角现有的纺织品市场也需要保留。 因此，在这个文化历史地段进行新建规划，不是在一张白纸上画画，而是在已有的画面上继续作画。

场地东临解放路，北靠马市街，西临彭城路，南为崔家巷。 场地总用地面积为 $1.5 \times 10^5 \ \mathrm{m}^2$。 除去戏马台公园、场地的东南角及场地的西南角，本次需规划的用地面积为 $6 \ \mathrm{hm}^2$。

对于这个历史街区的规划设计，我们确立了两个"并举"的指导思想。 一是保护与发展需要并举。 对历史街区的规划建设，不只是消极的保护，更要考虑它的使用和发展。 只有这样，保护才能可持续，地域的文化历史才能发展和新生。二是坚持文化传承和经济发展并举。 文化历史地段的规划中，保护与传承是首要的，借助文化历史地段的文化价值及其优势，促进该地段的经济发展是目的，也是手段。 发展是硬道理，通过保护性的规划与建设，促进本地段的发展、繁荣，是规划建设立项的目的。 但是终极目标是通过地域经济的发展，把文化历史地段保护好，把历史文化遗产传承下去。 因此需要文化传承和经济发展并举，但绝对不能借经济发展而破坏文化历史地段的文化传承。 为此，我们在规划这个历史街区时，坚持以下基本原则。

（1）这是徐州市区重要的历史街区，规划必须贯彻文物保护的方针，要以文物保护为中心，要更突出它，而不能破坏它。 为此，规划保留本街区内的遗存建筑，并将它们与新建建筑结合，彼此融为一体。 为了更好地突出戏马台公园，规划中设置了视觉走廊，让人们能从多方向看到戏马台公园的中心建筑——风云阁。 为了不阻挡或少阻挡戏马台公园的景观，戏马台公园四周的新建筑一律为低层建筑，并且建筑高度由外向内逐步降低，临近戏马台公园的新建筑都只建1层。

（2）要让历史文化遗存得到可持续的保护，我们就必须给该地区注入新的活力，让该地区适应市场的经济要求，努力把此处打造成集商业、娱乐、休闲及旅游观光于一体的富有传统气息的商业街区，使其成为一个新的城市亮点。 规划将商业购物区置于戏马台公园东西两侧，在戏马台公园的北部布置了休闲娱乐区。 这样的功能区规划也与该地区曾是明、清及民国时期徐州的经济中心、文化中心相呼应（图18-3）。

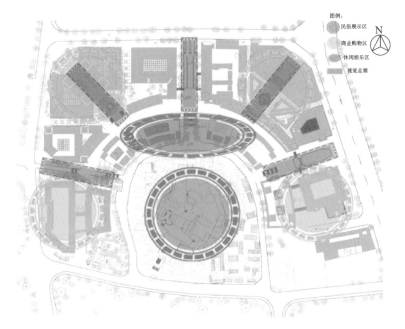

图例：

民俗展示区

商业购物区

休闲娱乐区

视觉走廊

N

图 18-3　功能区规划

（3）在保留历史文化遗存建筑风貌的前提下，努力将现代社会经济生活与传统的建筑、空间形态结合，创造一个富有传统地域建筑特色、现代商业气息和现代文化气息的城市商业街区（图 18-4）。

图 18-4　戏马台历史街区规划鸟瞰

18.3　保护与发展的规划结构

在分析有关资料和现状的基础上，我们遵循上述原则，确定了该街区规划的结构，即一个中心、五条轴线、五个广场（图18-5）。

一个中心，即戏马台公园，并以戏马台公园中的风云阁为中心（图18-6）。

五条轴线，即以风云阁为中心，除原有的戏马台公园南面入口的轴线外，在规划中增加了五条新的以戏马台公园为中心的放射形轴线，它们自西向东分别为：西轴线——中山路通向彭城路方向，可看到风云阁；西北轴线——从彭城路与马市街的相交处看风云阁，适应彭城路人流的视线方向；北轴线——戏马台公园北面入口的轴线，也是地下车库的出入口；东北轴线——从解放路与马市街的相交处看风云阁的轴线，适应解放路人流的视线方向；东轴线——规划中的视觉走廊。

五个广场，即新规划的五条轴线与内环街的相交处。其中，北轴线上的广场为中心广场，是东、西两个方向人流的聚散集中地。

这种一个中心、五条轴线、五个广场的空间结构，在保护户部山历史文化遗存的基础上，更能突出戏马台公园，并把历史古迹更多地融于现代社会经济生活。五条新的轴线，让人们从城市不同的方向都能看到戏马台公园。五个广场让广大市民和游客可以集散于戏马台公园的周边，穿越时空，让历史的"戏马"与现代的社会活动相呼应。

五条轴线构成了四个商业购物区和两个休闲娱乐区（图18-7），为新时期历史街区的发展增添了活力，使戏马台公园有了可持续的保障，也为历史文化遗存得到新生和永久发展创造了"造血"的功能，为戏马台公园的再生创造了条件。

四个商业购物区都采取步行街的形式，功能齐全，环境优美，能同时满足人们购物、休闲、餐饮、娱乐、旅游观光等多种需求，成为该地区的商业窗口，代表着城市形象，为广大市民和游客提供了一个购物、娱乐、休闲的好去处，为再现该文化历史地段的活力和魅力做出了应有的贡献。

规划中的两个休闲娱乐区分别位于东北轴线和西北轴线上。二者同为休闲娱乐

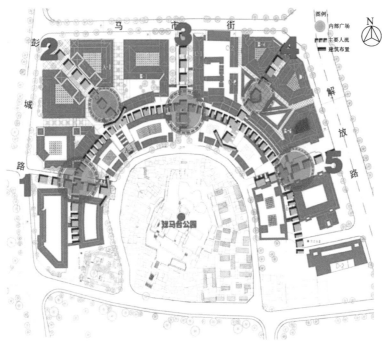

(a) 戏马台历史街区规划结构

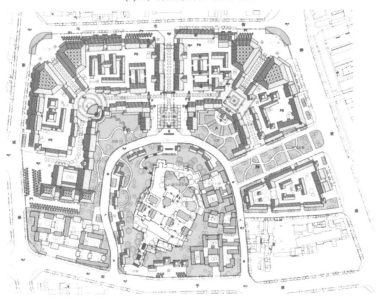

(b) 戏马台历史街区总平面

图 18-5　戏马台历史街区规划结构及总平面

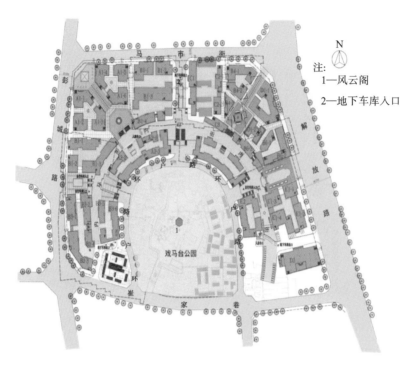

注:
1—风云阁
2—地下车库入口

图 18-6 以戏马台公园中的风云阁为中心

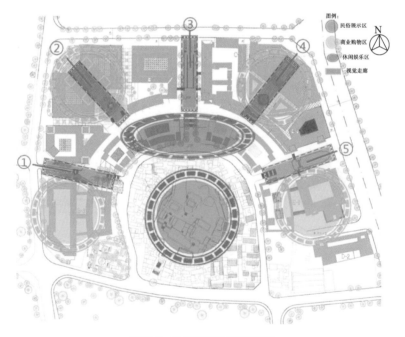

图例
民俗展示区
商业购物区
休闲娱乐区
视觉走廊

图 18-7 五条轴线构成的功能区

区，但空间形态和功能性质完全不同。 东区为百乐园，是传统的文艺节目的表演场所，是动态的，有戏台及露天剧场，四周是娱乐设施；西区为水园，以水体为主，是静态的，四周为休闲、茶座等服务设施。

18.4 结合地形，规划构建放射线+三环线的道路交通网络

戏马台公园地势较高，其地面标高与四周城市道路标高相差8～10 m。 因此这个规划必须考虑三维立体布局，从而更好地将新规划的建设内容与现有的戏马台公园自然有机地融为一个整体。 因此，在道路交通规划时，为了加强各方位的横向交通，除了以新规划的五条轴线为依据，规划还开辟了五条放射形道路，将其作为主要流动轨迹，还根据地形地势规划三条环线（图18-8）。

图18-8 三条环线规划

外环——场地周边的道路，由西边的彭城路、北边的马市街、东边的解放路和南边的崔家巷四条城市道路构成。 它们将该地区与城市紧密连接起来。

中环——外环和环户路之间的一条环形道路（即内环街）。 它将休闲娱乐区、四个商业购物区和五条放射形道路连接起来，成为休闲娱乐区连通的内部主动脉。

内环——环戏马台公园的一条环形道路（即环户路）。它使戏马台公园与拟改造开发的休闲娱乐区既分隔又联系。

三条环线置于不同的标高上，外环标高最低，内环标高最高，中环置于两者之间，中环标高也处于两者标高之间。相邻的两条环线之间以室外台阶相连（图18-9）。放射线+三环线构成该街区的基本网络骨架。

图18-9 相邻的两条环线以室外台阶相连

此外，规划设置了支线，构成一个支血管系统，与主动脉构成一个有机网络系统（图18-10）。

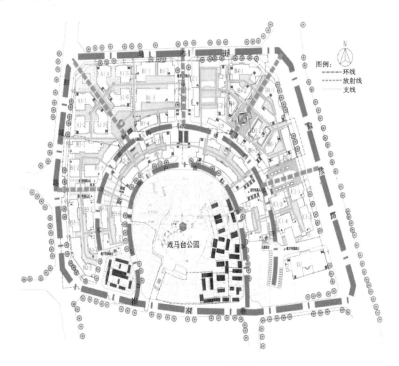

图18-10 有机网络系统

这样的交通网络组织力求为人们提供安全、方便的交通条件。 本街区所有的街道都设计为步行街，机动车在外环行驶。 除少数车辆在地面停车外，其余车辆基本停在环形的地下空间。 这个空间位于内环和中环之间的环形商业建筑的地下。 马市街、解放路和彭城路上都设有地下车库出入口，来自不同方向的车辆都能驶入地下车库，形成了静态交通组织（图18-11）。

非机动车的停车场地也同样设在地下空间，少数非机动车停在地面上。 这样，机动车和非机动车都无法进入这个街区。 静态交通组织为停车提供了充足的场地和便利的位置，并为今后的发展留有余地。 为了更多地开发地下空间，今后可以在东轴线的视觉走廊下设置地下车库或半地下车库。 此处高差达10 m，其底部有足够的空间，可以适应未来交通不断发展的新要求。

五条放射形道路入口处都设有非机动车停放处，并采用内院式的布置，既临街

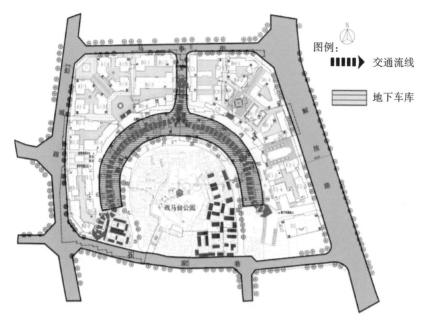

图例:

▶ 交通流线

地下车库

图 18-11　静态交通组织

又方便。 这样不仅便于集中管理, 而且为城市精神文明建设, 创建卫生城市创造了
更有利的条件, 可以保证城市街道的整洁。

18.5　基于环境特点, 构建三个层次空间

这个街区主要有两个特点: 其一, 街区三面是热闹的城市干道, 一面是宁静的
戏马台公园; 其二, 街区地势高低不一, 场地的外缘地势低, 由外向内地势逐渐增
高, 内外高差近 10 m。 根据这两个特点, 道路交通组织规划了三条环线, 这样就自
然形成了三个环状空间, 以戏马台公园中的风云阁为中心, 从外环到内环自然分成
了三个空间层次。 外环和中环之间为第一层次空间, 该区域为商业购物区, 规划了
各类商业用房; 中环和内环之间为第二层次空间, 该区域为休闲娱乐区; 内环与戏
马台公园之间为第三层次空间, 该区域为旅游服务区, 沿环户路开发建设为旅游服
务的旅游纪念品专卖街, 借此给环户路带来发展生机 (图 18-12)。

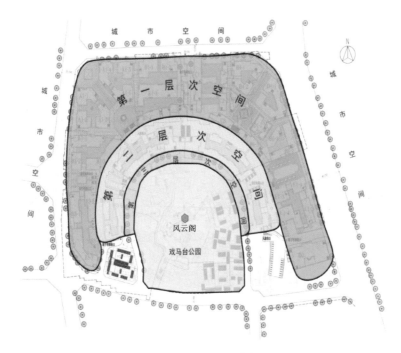

图 18-12　三个层次空间

三个层次空间具有不同的性质。 第三层次空间为旅游观光空间，第二层次空间为过渡空间，第一层次空间为紧临城市街道的商业购物空间。 第二层次空间将第一层次空间的商业气氛逐渐过渡到文化氛围浓厚的第三层次空间，同时体现了由动至静的设计意图。

18.6　传承的建筑设计

该地区遗存的传统建筑以明、清传统形式为主。 因此，建筑设计要考虑地域环境中建筑的特点，努力使新建筑与传统建筑协调。

为了保护戏马台公园的环境，突出风云阁在城市中的地位，我们在布置建筑时采用透空手法，使每条轴线都成为视觉走廊。

场地高差有 8～10 m，风云阁位于最高处，高 6 m。 为了不被新建筑遮挡，该地域的建筑以两层高为主，局部三层。 其层数由外环向内环逐步减少，第一层次空间的建筑高 2~3 层，局部建筑高 3~4 层；第二层次空间的建筑高 1~2 层；第三层次空间的建筑都为 1 层，即越接近戏马台公园，新建筑层数越低，新建筑与戏马台公园的建筑尺度保持协调（图 18-13）。

图 18-13　内环的新建筑

除了控制建筑高度，设计也注意控制建筑的体量。沿街建筑有意采用平面外形的凹凸手法，将大体量的建筑划分成一些段落，减小建筑体量。新建筑的高宽比与传统建筑相似。这种手法有利于创造合适的建筑尺度，有利于新建筑与传统建筑协

调。 设计还采用在第一层或第二层加坡屋顶的手法，使三层的建筑看似两层（图
18-14）。

图 18-14　中环的沿街建筑

续图 18-14

考虑到传统建筑院落式的特点，建筑大多设计成院落式。 街道的尺度也效仿传统街道，放射形的道路宽度为 9~12 m，内环道路宽度为 9 m，而支线道路宽度仅为 4~6 m。

建筑屋顶基本采用坡屋顶形式，屋顶局部与平屋顶结合，与戏马台公园的传统建筑形式协调（图 18-15）。

坡屋顶的形式多样，有两面坡的屋顶，也有四面坡的屋顶。 进深大的商业建筑多采用盝顶形式，以避免过大过高的屋顶形象。

当然，在新建筑的设计中，我们除了考虑新建筑与传统建筑的协调，也考虑新建筑的时代性，采用现代新材料、现代的设计要素及各要素新的组合方式。

此外，为了营造既现代又传统的氛围，街区规划在轴线的出入口处和中心广场上设置若干传统建筑小品，如牌坊亭、灯柱、城市家具等，以增强文化气息。

我们完成了戏马台历史街区的规划工作，并付诸了实施。 遗憾的是，我们未能参与建筑施工图的设计。 由于我们的规划设计工作比较仔细，从总体布局到每幢建筑的平面设计、立面设计、剖面设计都绘制了相应的图纸，建成后的整体环境与建筑氛围与最初的构想基本一致。 施工图设计者比较尊重原规划设计意图，这一点让

图 18-15　建成后的新建筑

续图 18-15

我们感到欣慰。 图 18-16～图 18-20 为设计草图。 可以看出，最后完成的建筑形象
与设计草图基本一致。

图 18-16　中心广场透视

图 18-17　内部广场透视 1

图 18-18　内部广场透视 2

图 18-19　内部广场透视 3

图 18-20　入口广场透视

注：本工程的主要设计师是鲍冈，参加本工程建筑设计的研究生是郭伟、仝辉。

19 古为今用 仿古商业街 规划设计

——江苏省宿迁市楚街规划与设计

19.1 工程概述

江苏省宿迁市新规划建设的楚街，即宿迁市富康大道仿古商业街区，位于宿迁市新老城区结合部。楚街北起洪泽湖路，南到西湖路，东西方向规划有宽 20 m 的太湖路和洞庭湖路贯穿其中。东西两侧规划有宽 12 m 的城市支路。这个规划设计的地块南北长 896 m，东西宽 300 m，规划总面积为 2.68×10^5 m²，地块南北现有道路均为城市干道，连接新老街区。洪泽湖路北侧为新城区，规划为行政功能及配套区，地块西侧规划为文体设施及居住区。楚街所在的位置将成为新的城市中心（图 19-1）。

图 19-1 楚街位置

19.2 古为今用的思考

宿迁是西楚霸王项羽的故乡（图19-2），有着5000年的文明史和2700年的建城史。 宿迁曾是钟吾国的都城，历史悠久，人文荟萃，素有"华夏文明之脉，江苏文明之根，淮河文明之源，楚汉文化之魂"之称。 乾隆六下江南时有五次驻跸于此，赞叹宿迁为"第一江山春好处"。

图19-2 项王故里

基于宿迁厚重的历史文化资源，为了促进宿迁城市的发展，21世纪之初，宿迁市人民政府决定在富康大道上规划建设一条表现宿迁楚汉文化的仿古商业街区。 如果能把楚汉风韵与现代韵味融于一体，不仅可以借此传承地域文脉，而且也能彰显新时代的风范，这也是一种古为今用。

19.3 "三效益"的街区规划

宿迁市人民政府希望以该工程的实施来促进新区的发展和老区的更新。 因为这个地块位于城郊结合部，郊就是新城的发展之地。

为此，我们以可持续发展思想为指导，坚持"三效益"的统一，即经济效益、社会效益和环境效益的统一，并把它作为我们规划设计的一条基本原则。经济效益是衡量一切经济活动的最终综合指标，即以尽量少的劳动耗费，取得尽量多的经营成果，或者以同等的劳动耗费，取得更多的经营成果；社会效益是工程实施后为社会所做的贡献，是满足社会公共需要的度量，也是外部的间接的经济效益；环境效益也就是经济生产活动对自然生态产生的效益，即对生态平衡和生态环境的影响。从根本上讲，经济效益是环境效益和社会效益的基础，环境效益是社会效益和经济效益的结果。三者互为条件，相互制约，是辩证统一的关系。生态环境保护系统承担着实现城乡生态环境再生产的重要使命。它的发展只有同城乡的经济系统、社会系统的发展相适应，才能使城乡生态环境的再生产同经济再生产和社会再生产相适应，实现经济效益、社会效益和环境效益的结合和统一。因此，我们在规划设计中就不能只重视工程本身的设计和建设，而忽视与之配套的生活设施的建设和环境保护设施的建设；不能只重视直接的经济效益，而忽视间接的社会效益；更不能不重视与人类的整体利益和人类生存相关的环境效益。在这项工程规划设计与建设中，经济效益就在于使有限的土地资源发挥其最大的使用价值，在建设中真正追求降低物耗、能耗，减少投资。工程建成后，能促进新城区的建设，能促进老区的更新，使该地区成为宿迁城市发展中一个新亮点，取得较好的社会效益，同时也不因经济发展而给生态环境带来任何负面影响。

地块南北长 896 m，东西宽 300 m。我们根据规划中的城市道路条件，把南北方向的富康大道和东西方向的洞庭湖路、太湖路充分高效地利用起来，规划了一个由一条南北纵向主街和两条东西方向的横街组成的街区，沿街的建筑都紧凑布置。在道路的纵横交叉路口规划了两个公共的开敞空间，形成南北两个各具特色的广场。其中，富康大道与洞庭湖路相交处为南广场，规划成以餐饮、娱乐为主的商业空间；富康大道与太湖路相交处为北广场，广场中心布置中心台（点将台）。北广场建筑群规划为大中型的商业空间，在长为 920 m 的富康大道上，以两条东西向的道路为界，将富康大道规划成三段，形成不同业态的商业空间。此外，南北主街的两侧就规划为住宅小区，即富康花苑东区和富康花苑西区。这样就形成了一个主轴、两个副轴、两个广场和两个住区的规划结构（图 19-3、图 19-4）。

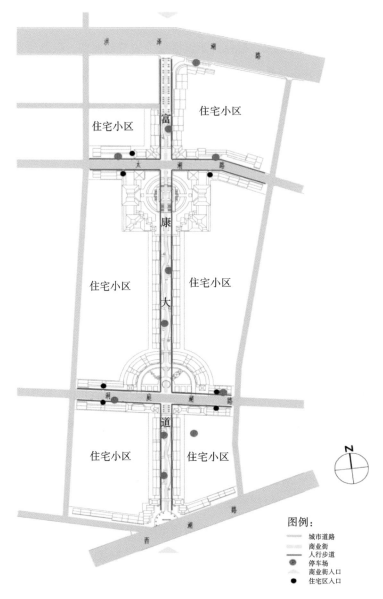

图 19-3　规划结构

　　这样的规划结构不仅合理地利用了土地，为经济发展提供了充足的商业运作空间，而且也提供了更多的房源，缓解了住房问题。二者相辅相成，既方便社会生活，又提高了人气，提升了经济效益和社会效益。

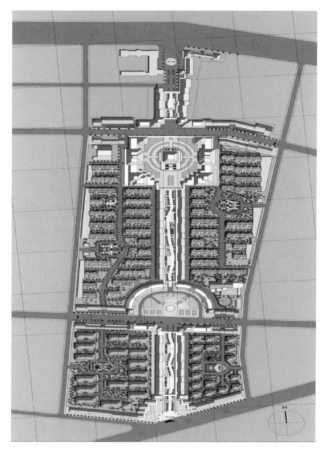

图 19-4　楚街总平面

19.4　经济与文化并举的商业街景观规划

规划建设商业步行街无疑是为了促进城市经济的发展。一定要使规划设计适应各类业态需求，为经济发展创造硬件条件。但是要让商业街繁华，仅仅依靠做生意是不够的，还要在规划中播下能培育良好软件环境的种子，也就是要将当地的历史文化基因自觉地、有意识地引进来、播种下去。不仅要"商贸富街"，更要"文化立街"，从而能带动"旅游兴街"。因此，在规划楚街时，我们充分发掘应用楚汉文化元素，将宿迁的文明之根扎入此街，将文明之源引入此街。我们利用建筑空间语言，尤其是传统的建筑空间语汇和传统文化元素，应用"收"与"放"的空间组织手法，塑造了一个有节奏、有起落、有高潮的城市街道空间景观序列（图19-5），在这个空间景观序列中有效地展现楚汉文化元素，如亭台楼阁、廊桥坊榭等，并使它们与当代社会的经济、文化有机融为一体。 人们走在街上，观其景，赏其形，既

图 19-5 城市街道空间景观序列

能联想到历史文化的古韵，又能体会到现代社会生活的时尚与乐趣。

这条长街分为三段，洪泽湖路到太湖路为北段，也可称为楚街北大街；太湖路到洞庭湖路为中段，也可称为楚街中大街；洞庭湖路到西湖路为南段，也可称为楚街南大街。楚街南北两端设立出入口，广场均设有牌坊。牌坊是出入口的标志。人们由南入口进入楚街后，经过南大街到洞庭湖路就是南广场。规划结合场地原有水塘，将南广场设计为以水为主体的半圆形的龙池（图19-6），设置三亭桥，建造龙珍阁。南广场是以餐饮、娱乐为主的商业空间。龙池南岸有喷泉，龙池北岸的雕塑、亭台楼阁、廊桥坊树等一些楚汉传统的建筑元素将浓厚的楚汉文化底蕴与现代气息融于一体（图19-7）。

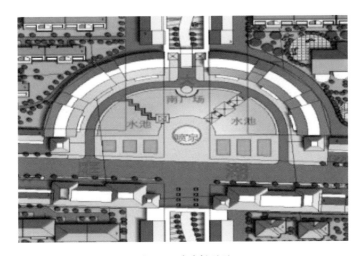

图19-6 南广场平面

(a) 南广场设计

图19-7 南广场

(b) 建成后的南广场面貌1

(c) 建成后的南广场面貌2

(d) 建成后的南广场面貌3

续图 19-7

(e) 建成后的南广场面貌4

续图 19-7

北广场为富康大道与太湖路相交处，位于太湖路南侧。 北广场是方形广场，与半圆形南广场相呼应（图 19-8）。 广场的中心是点将台，高四层。 点将台是中轴线上的核心建筑（图 19-9），为重檐庑殿顶。 站在点将台上可以看到富康大道北大街的全景（图 19-10）。 北广场四周为高 2～3 层的商业建筑，有汉阙、铜鼎、汉式石灯，地面上镶有太极图（图 19-11）。 南广场有虞姬亭、水榭、桥、塔及牌坊等

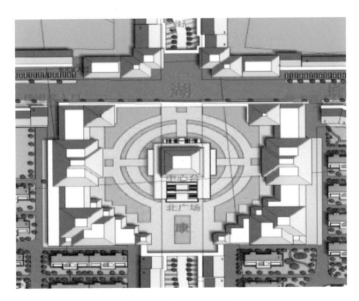

图 19-8 北广场平面

(a) 北广场设计

(b) 点将台

图 19-9　北广场

图 19-10　北大街全景

| 可持续发展的建筑规划与设计——迈向绿色转型的建筑规划设计研究与实践

续图 19-10

图 19-11　北广场周围建筑

（图 19-12）。 这些传统元素赋予城市空间古色古香的气息。 此时，楚街及其建筑已不单是一般的街道或建筑，也是人们思故怀旧的载体。 阅读这些"凝固的音乐"可以唤起人们的千头万绪。

(a) 南广场的塔、桥　　　　(b) 南广场的亭、榭　　　　(c) 南广场的牌坊

图 19-12　南广场的建筑

此外，富康大道北、中、南三段街道的景观组织也别具一格。沿街商业建筑设有二层外连廊，形成立体的动感景观。楚街采用人车混流的方式，并将车道设计为S形，自然限制车流。其一侧空间设有街旁绿地、室外茶座、停车场地。这样的设计既方便人流和车流，又活跃街道空间。精心布置的街灯、条椅、休息亭等景观小品和城市家具，使整个商业街区的建筑景观、人文景观和生态景观完美融于一体（图19-13）。

(a) 楚街中大街街景　　　　　　　　　　(b) 楚街北大街街景

(c) 楚街北广场北区景观　　　　　　　　(d) 楚街南广场街景

(e) 楚街南广场入口　　　　　　　　　　(f) 楚街中大街入口街景

图19-13　楚街街景

19.5 古朴、简约又开放的建筑设计

建筑设计以适用、经济、绿色、美观为原则。 由于地块具有宿迁浓厚的历史文化色彩，采用什么样的建筑形式成为我们设计时考虑的一个重要问题。 路口及南广场、北广场等空间节点处的重要建筑以汉代官式建筑为原型，结合现代建筑材料和科技，在比例、色彩、细部设计等方面进行重点处理，如南广场、北广场的三亭桥、龙珍阁、点将台、汉阙等（图 19-14）。 而商业建筑的设计则以民间建筑形式为原型，注重适用、经济，适当吸收汉代建筑形式元素（图 19-15），尤其是木构建筑元素。 主街东西两侧的住宅小区建筑则以现代城市住宅区的形式进行规划与设计，以满足现代生活要求。 住宅小区内的建筑高度不高于 35 m，商业建筑高度以三层为主，局部为两层或四层。 本工程主体建筑结构形式均为框架结构，抗震设防烈度为8 度。

(a) 龙珍阁

(b) 三亭桥

(c) 汉阙

图 19-14 空间节点处的重要建筑

(a) 商业建筑的设计1

(b) 商业建筑的设计2

(c) 商业建筑的设计3

图19-15　商业建筑

由于采用传统建筑形式，建筑的屋顶以坡屋顶为主，有两坡、四坡或盝顶，少数建筑采用平屋顶。

不论采用官式建筑形式还是民间建筑形式，不论是坡屋顶还是平屋顶，用材都以简约为原则，同时不失现代感与时尚感。

商业建筑设计中，在建筑功能不确定的情况下，需要考虑建筑的平面设计及建筑空间的组织。 在此次设计中，为适应这种功能的不确定性，我们应用开放建筑的理论和设计方法，以不变应万变，为商业建筑创造了较强的空间灵活性，以灵活性来适应它的不确定性。 不论是大中型商业建筑还是中小型的商业建筑，我们都尽量把营业空间做大。 租售空间最小的基本单位都不小于 40 m^2，而且彼此可串联或并联，做到空间可大可小，充分显示开放建筑的优越性（图19-16）。

此外，沿街商业建筑还设有二层外连廊，宽 2.4～3.0 m，并间隔一定距离设置室外楼梯，使整个街区形成立体的商业步行系统。 必要时，还在二层设东西连廊，把东西两侧商业建筑连贯起来。 这个外连廊更增强了商业建筑空间的灵活性（图19-17）。

楚街规划始于 2001 年，2004 年建成，商业建筑面积为 86340 m^2。 楚街投入运

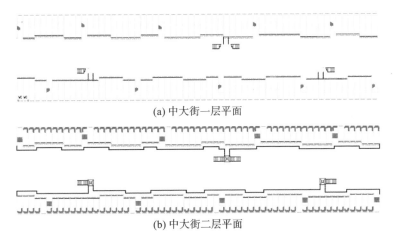

(a) 中大街一层平面

(b) 中大街二层平面

图 19-16　中大街平面

图 19-17　沿街两层商业建筑

营后，集购物、餐饮、休闲、娱乐、文化于一体，成为宿迁市最具人气、商业气息和文化气息的商业街区。 同时，楚街也是宿迁市重要的旅游景点。 北广场的点将台、南广场的亭阁水景独具楚汉风韵。 古朴、简约的沿街建筑鳞次栉比，夜景流光溢彩。 楚街像一道美丽的彩虹，横跨宿迁市（图 19-18、图 19-19）。

图 19-18　建成后的楚街

(a) 南广场景观1

(b) 南广场景观2

(c) 南广场景观3

(d) 南广场景观4

图 19-19　楚街实景

(e) 南广场景观5

(f) 中大街全景1

(g) 北广场点将台外观1

(h) 点将台入口

(i) 北广场西侧街景

(j) 北广场点将台外观2

(k) 点将台全貌

(l) 北广场东侧街景

续图 19-19

(m) 中大街全景2 　　　　　　　　　(n) 北大街街景

(o) 北入口 　　　　　　　　　　(p) 北大街夜景

(q) 北广场夜景 　　　　　　　　　(r) 南广场夜景

(s) 中大街入口

续图 19-19

注：本工程的主要设计师是鲍冈、郭伟。

20 依山就势营建的红色故里

——安徽省泾县新四军史料陈列馆设计

20.1 工 程 概 述

1990 年，为纪念皖南事变新四军将士殉难 50 周年，安徽省人民政府在安徽省泾县城郊修建了皖南事变烈士陵园。 21 世纪初，中共中央办公厅、国务院办公厅颁布关于印发《2004—2010 年全国红色旅游发展规划纲要》的通知，就发展红色旅游的总体思路、总体布局和主要措施作出明确规定，表明国家将大力发展红色旅游产业。 发展红色旅游要实现的六大目标之一，就是完善 30 条红色旅游精品线路，使红色旅游线路成为产品项目成熟、与其他旅游项目密切结合、交通连接顺畅、选择性和适应性强、受广大旅游者普遍欢迎的热游线。 这 30 条红色旅游精品线路中，就有黄山—绩溪—旌德—泾县—宣城—芜湖线，其中就有皖南事变烈士陵园及新四军军部旧址。

2004 年下半年，我国正式启动"红色旅游工程"。 国家旅游局（今文化和旅游部）计划用五年时间在全国范围内建设以 10 个"红色旅游基地"、20 个"红色旅游名城"、100 个"红色旅游经典景区"为主体的红色旅游骨干体系。 新四军军部旧址便被列为其中一个红色旅游基地。 为了实现这一计划目标，2004 年安徽省人民政府决定在新四军军部旧址兴建一座新四军史料陈列馆，将其作为安徽省"861"重点工程。 我被邀主持这项工程设计。

泾县新四军史料陈列馆（以下简称陈列馆）是新四军军部旧址保护规划建设的一部分。 该馆的规划设计按照可持续发展的建设思想，努力使用较少的耗材，减少能源消耗、污染排放，最大限度地结合自然进行规划设计，努力使建筑与所处的自然环境和人文环境协调、融合、共生，使建筑深深扎根于场所，融入地域（图20-1）。

(a) 鸟瞰

(b) 北立面

(c) 南立面

(d) 东立面

图 20-1　陈列馆设计

20.2　设 计 思 路

在创作过程中，努力对现有资源进行整合、利用，是我们充分重视和关注的。
这种设计思路在选址、总体规划和单体建筑设计中都有所体现，具体表现在以下几
方面。

1. 陈列馆选址，不占农田

我们接到任务后，带着原先的新四军军部旧址保护建设规划图进行实地考察，
发现原规划的建设馆址是一片绿油油的农田。泾县属皖南山区，山地多平地少，有
限的平地都用来种田，以解决吃饭问题。当地的房子大多顺应山坡，依山而建。
因此，为了节约耕地，少占或不占农田，我们建议选择一块山地建新馆。经过踏看
和研究，最终确定一处山地为新馆址（图20-2）。

(a) 原先选定的馆址　　　　　　　　(b) 新馆址水系

(c) 新馆址南面农田　　　　　　　　(d) 新馆址

图 20-2　陈列馆馆址选择

这处山地东临一条通向县城的公路，北向为新四军军部旧址（图20-3），西北面有一条水系，名为叶子河。山不高，南面就是一片农田。陈列馆新址选在叶子河南面的山地上。这样节约了耕地，交通方便。东侧的公路把县城、云岭镇、新四军军部旧址及皖南事变烈士陵园都连成一体，有利于开展红色旅游。

(a) 新四军军部旧址实景1　　(b) 新四军军部旧址实景2

(c) 新四军军部旧址实景3

图20-3　新四军军部旧址

2. 结合山地地形，采用"顺应"和"归隐"策略进行总体规划

新馆址计划用地面积为22 hm²，I期用地面积为12 hm²，II期用地面积为10 hm²。我们按此进行统一用地规划（图20-4）。I期规划建设陈列馆及其附属建筑、陈列馆广场及停车场。陈列馆建筑面积为5000 m²。

总体规划首先关注场地及与场地相关的一些特殊因素，并从地形因素入手。地形是建筑总体布局中的三维要素，要研究分析地形高差的变化、等高线的走向、等高线形态的变化、地表、地貌和地下的特征、状态。馆址选择在丘陵地带，山的高度较低，坡度较小，属于适宜建造建筑之地。在这样的地形中，按照可持续发展的

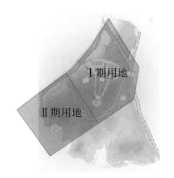

I 期用地：12 hm²
II 期用地：10 hm²
总用地：22 hm²

图 20-4　陈列馆用地规划

思想，要尽力减少对自然山地环境的破坏，采用合适的设计策略。 经分析，我们采用了"顺应"与"归隐"的策略："顺应"即顺应山势，将山坡的地势与建筑空间布局结合起来，依山就势，呈台阶形的布局；"归隐"就是消隐形体，将人造的建筑融入自然的场所，地形南高北低，建筑顺应等高线嵌入山坡，垂直于等高线跌落，建筑布局自然，既可减少土方量，又可突出山地特点。 无论跌落还是嵌入，都是为了将人体验建筑的过程与爬坡的经验产生联想，从而弥补场地被建筑占有而导致的自然失落。 建筑与场地的对话中存在接触界面的问题。 为此，我们在总体规划中采用了三条半径为 120 m 的弧形墙面，构建了一个钟形的纪念场景平面轮廓线。 它不仅在形式上表现了场地的地形特征，把陈列馆融入特殊的地形轮廓中，使建筑与场地肌理结合，而且也以警钟的形象象征了皖南事变的历史意义（图 20-5）。

此外，我们也采用了化整为零的策略来弱化建筑体量，将陈列馆依山势布置，并将所有建筑均设计为 1～2 层，使建筑尺度与周边自然环境协调。 建筑形态更像从山坡中生长出来的台地。 台阶形的屋面覆土后可作为室外展场和休憩场地，还可种植植物，近观为屋顶花园，远观则像梯田。 随着时间的流逝，台阶形屋顶花园的绿化植被逐渐茂盛，使人造的建筑环境与山地的自然环境融为一体（图 20-6）。

陈列馆馆前广场的规划设计也是"顺应"与"归隐"策略的直接体现和表达。馆前广场场地东高西低，总高差达 14 m。 地形的复杂为设计带来了挑战，但也带来了新的机遇，可以使设计变得更为有趣。 我们顺势在不同标高处对广场进行拆分，设计成分层广场。 在尽可能保持土方量平衡的前提下，对场地做了局部调整。 场地在南北方向也有 5 m 高差，南高北低，广场北部自然留出一块空间。 我们将其设

图 20-5　泾县新四军史料陈列馆总平面

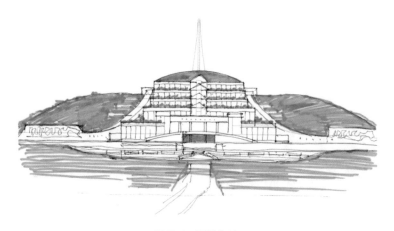

图 20-6　设计构思

计为停车场，既解决了地面停车问题，也节约了土方的回填（图 20-7）。

陈列馆主入口设在广场东侧，与公路相邻。陈列馆馆前广场设计成椭圆形，长轴为东西向，短轴为南北向，短轴置于陈列馆的中轴线上。广场长轴方向设置主、次两个出入口。广场的东、西、北三面共设三个牌坊，人们可从三个方向进出广场。该设计是为了纪念当年新四军遭突袭包围后，组编成三个纵队分别向东、西、北三个方向突围的历史事件。

陈列馆主体布置在中轴线上，中轴线的南端也是山地的最高处。我们在此处设

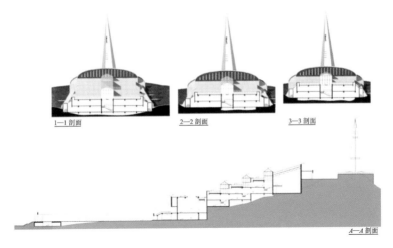

图 20-7　陈列馆剖面

计了一座标志性的纪念塔。它既作为陈列馆的焦点，也作为Ⅰ期工程、Ⅱ期工程的结合点。陈列馆的办公附属用房布置在陈列馆两侧的弧形纪念墙后面，靠近陈列馆入口，使用方便，不影响馆前的纪念氛围，同时也达到了"归隐"的效果。

陈列馆总体规划依照山势规划了一条环形道路，供今后发展。可先考虑设置一个青少年教育中心，将其布置在陈列馆的西侧，也面向新四军军部旧址。通过今后不断地建设，此地将逐步成为一个完善的红色旅游基地，一个爱国主义教育基地。

3. 结合自然、利用自然的陈列馆设计

随着社会的进步与发展，陈列馆的布展方式与观念也在不断更新。不断发展的社会多元化的需求也必然在建筑设计中有所反映。不可再生资源的消耗和环境的污染都在严重威胁着人类的生存环境。现代"生态建筑""绿色建筑"及"可持续发展建筑"理念，就是基于人居环境建设曾对自然环境造成了严重的负面影响，乃至造成环境破坏的这一现实提出的。因此，在新的建筑活动中，要努力减少耗材、能源消耗、污染排放，最大限度实现资源循环利用。建筑与自然环境、人文环境的关系，建筑创作过程中对现有自然资源的整合与利用，是我们在设计过程中需要充分考虑和研究解决的重要问题。而在陈列馆建筑设计的层面上，我们要更多地从环境保护和资源节约的角度去考虑建筑的综合功能、生态环境的稳定性和持续性，具体体现在以下几方面。

（1）结合地形进行设计。

陈列馆属于博览建筑的一种，参观是博览建筑一个重要的基本功能，陈列馆自然也是这样。 为了既能便于参观，又能结合山坡的地形走势，参观路线的设计采用自下而上和自左到右的组织方式（见图20-8）。 这种参观路线既有连贯性，又有灵活性。 参观者从门厅进入序厅，然后自下而上依序参观连贯的六个展厅，最后到达半景画馆。 参观结束后，到达出口厅，出口厅正对着标志性的纪念塔。 参观者登

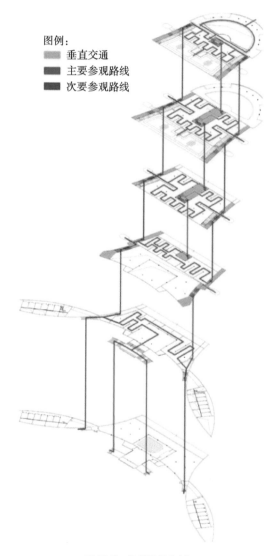

图例：
垂直交通
主要参观路线
次要参观路线

图20-8 参观路线分析

上环形台座参观一圈后，即可顺陈列馆东西两侧的台阶梯廊而下，回到广场。每个展厅都有室外展场，并与东西两侧的梯廊相通，参观路线具有灵活性。参观者参观完以后，自上而下到达广场出口。这一设计便于减少参观者的疲劳，体现了以人为本。

陈列馆建筑剖面充分结合地形设计。展厅布置为两层台阶式，六个展厅平面形态是变化的。设计将展厅后退出来的屋面作为室外展场和绿化场地，又利用高差将报告厅及库房设置在底部，既方便使用，也提供了较为安全的展品储存条件（见图20-9、图20-10）。

（2）结合气候设计。

陈列馆设计从当地的气候条件、经济条件出发，充分结合气候。皖南一带四季分明，春季多梅雨，夏季炎热，冬季阴寒。皖南地区人口密度大，平地少，当地民居建筑较为紧凑，多以两层房屋围合成一狭窄的天井，构成合院（图20-11）。徽商讲究"肥水不外流""财气不外泄"。外墙尽量不开洞口或只开小洞口，故而皖南的聚落给人高墙深巷的印象。皖南建筑中一个关键的建筑元素就是天井，它对建筑通风和采光起着决定性的作用（图20-12）。从外观看，皖南民居容易使人产生闭塞阴暗的联想。但进入室内会发现，通过天井的设置，室内采光问题和通风问题都得到很好的解决。人与自然的对话借天井得以实现。究其词源，天井由"天"和"井"组成，天井是一个向天开敞的院落，但"井"字更强调了狭窄，具有方向性的"通道"意味，于是"通道"便成为我们尝试应对当地气候的设计策略。

陈列馆的每一个台地展区，即建筑的每一个子体块，都围绕着一个玻璃体展开，天井就是玻璃体的原型。我们将玻璃体刻意拔高，使它与所在屋面的相对高差达12 m。顶部开设的通风百叶，构成陈列馆室内通风的三条垂直通道，产生"烟囱效应"。同时，我们在剖面设计中结合地形，在各台地展区（子体块）与山体接触的侧面，分别留出宽2.5 m、高5.1 m的空间，将其作为建筑室内通风的四条水平通道。我们通过这两个方向通道的精心设计，合理布置通风口，设计通风口的大小，自然风在建筑中得以自由穿行，从而解决了外墙封闭的大型建筑在不设空调的情况下自然通风的问题，如图20-13所示。这种设计不仅节约了能源，也创造了更健康的陈列环境和参观环境。

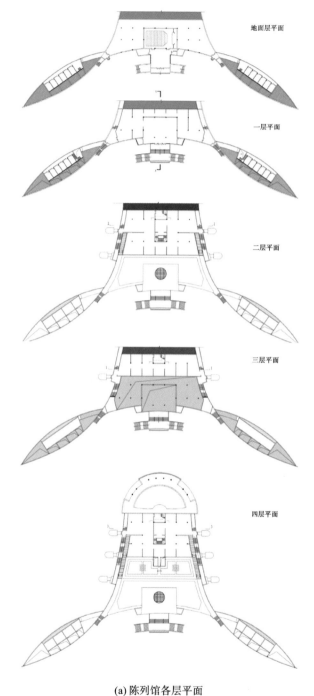

地面层平面

一层平面

二层平面

三层平面

四层平面

(a) 陈列馆各层平面

图20-9　陈列馆各层平面及屋顶平面

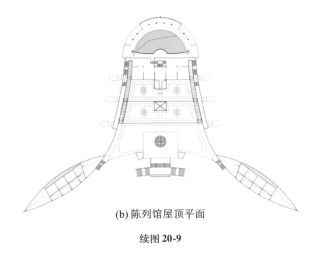

(b) 陈列馆屋顶平面

续图 20-9

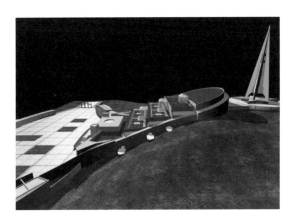

图 20-10　陈列馆与地势的结合

图 20-11　当地合院式民居

图 20-12 泾县当地民居中的天井

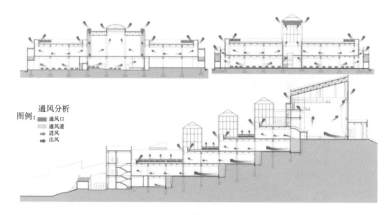

图 20-13 陈列馆自然通风设计

（3）采用"用"与"防"的策略，创造舒适的自然采光环境。

博览建筑的采光是其基本要求之一。要使参观者能看得见、看得清展品，又看得舒适，采光口的设计是非常重要的节点，特别是陈列有玻璃面的展品时。这种展品要避免太阳光的一次反射和二次反射，前者使参观者观看展品时眼前一片白光，看不见展品；后者使参观者观看展品时眼前形成虚影，看不清展品，往往看到参观者自身的虚像。现代一些博物馆、纪念馆不用自然光线，而依赖于人工照明，且这些建筑室内常常是一系列黑暗的空间。这固然为陈列展品提供了较为方便的条件，但却十分耗能。在这样经济不发达的山区，过多的人工照明运行时将带来重大的经济负担。因此，我们放弃采用这种方式，而是采用以自然通风和自然采光为主的方式。

有人说，"建筑是捕捉光的容器"，就如同乐器捕捉音乐一样。光与建筑的互适性，光对建筑的利与弊，是我们设计重点思考的方面。 我们充分考虑建筑如何通过捕捉合适的光以满足陈列、展览、参观的需要，又如何使光通过建筑特殊的细部，从而展示陈列馆环境中的特定内涵。 对于太阳光的利与弊，我们采取"用"与"防"的两手策略。

首先，我们将陈列馆平面区域按性质分为展区和共享区。 展区需要将光漫射到展品上或展览墙面上，这里的光必须在控制之中，使它在适当的位置出现，以营造氛围。 共享区，具有人流集散、垂直交通、休息等功能。 这里的光应该是普照式的，整个空间设计成一个充斥着光的玻璃盒，明亮、温馨。 我们根据不同区域对光的要求进行不同的处理。 我们抬高共享区的高度，将其做成玻璃盒，玻璃盒起到了收集太阳光的作用。 太阳光直接进入共享区内，投下阴影，形成明快的气氛，高耸的内部空间也形成了崇高而宁静的氛围。 在展区，台阶体块层层退让，使下层的展厅也可以直接采光。 为了使太阳光漫射到展区，展厅全部采用顶侧光的自然采光方式，再经由遮阳百叶将太阳光漫射到陈列墙面和展区，达到明亮又柔和的效果。 于是，"捕捉"与"展示"在建筑中达到了互适性的平衡。 这样的自然采光方式使参观者处于光线较暗的区域，创造了最佳的参观效果，不会出现一次反射和二次反射的现象，同时也达到节约能源的效果。 这种方式与当地内向型传统建筑的布局采光方式是一脉相承的（图 20-14）。

（4）结合地域建筑文化设计。

皖南徽派民居是我国建筑文化宝库之一，所以我们在设计中充分吸收徽派建筑文化的精髓，充分利用传统的徽派建筑元素。 在这个陈列馆设计中，我们坚持综合考虑适用、经济、绿色、美观，使陈列馆建成后既好用又好看，当地建得起也用得起。

陈列馆的造型设计集中体现了上述设计思想。 淳朴、简洁的建筑造型充分表现了陈列馆内部空间的秩序。 陈列馆外部全部为实墙，既有助于表现纪念建筑庄重的风格，也与当地民居和新四军军部旧址的建筑形态相呼应。 陈列馆为台阶形，自然形成了马头墙的形象，墙面浅白和灰色的运用，也体现了徽派建筑的基本色调。 陈列馆与山坡紧密结合，好似镶嵌在山坡中。 它既与四周梯田相互呼应，又像是耸立在山坡中的一座巨大丰碑。 建筑造型充分考虑了地域建筑特色在建筑中的表现。

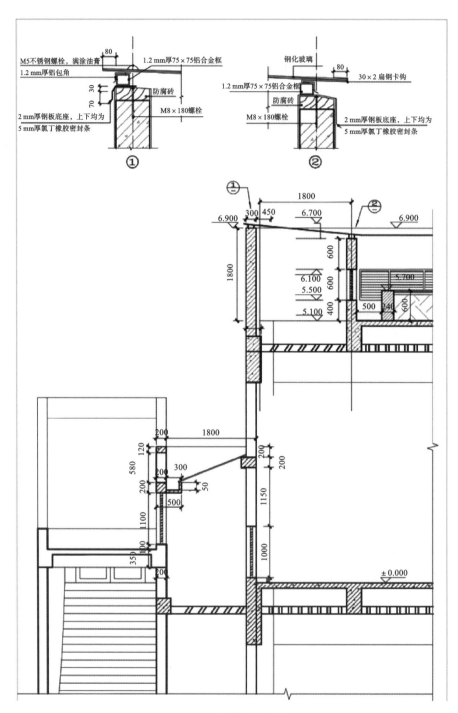

图 20-14 陈列馆采光口设计

通过这些地域建筑元素的应用，陈列馆传达出浓郁的徽派建筑文化气息，传承发展了徽派建筑文化的特点（图20-15～图20-18）。

图 20-15　规划设计的陈列馆外貌

图 20-16　建成后全貌

图 20-17　建成后的陈列馆外貌 1

图 20-18 建成后的陈列馆外貌 2

20.3 标志性纪念塔设计

我们在规划中设计了一座标志性的纪念塔。它位于场地的最高处，又在陈列馆中轴线的南端，位置显要，具有标志性的作用。

纪念塔平面为五角形，象征新四军是一颗红星，也是插在敌人后方的一把尖刀，具有标志性和纪念性。纪念塔上部透空的部分悬挂着一个巨型钟，寓意"警钟长鸣"。

注：参加本工程建筑设计的研究生是周鑫。

21 建筑——城市一体化的绿色市民广场

——浙江省义乌大剧院建筑方案设计

21.1 工程概述

浙江省义乌大剧院拟建于城市中心区，面对市民广场和公园（图 21-1），是义乌市重要的文化设施。它的功能以演出为主，兼会议及一些相应的文化服务功能。该剧院规模为 1500 座，建筑面积为 3 hm^2，其中地上建筑面积为 2 hm^2。

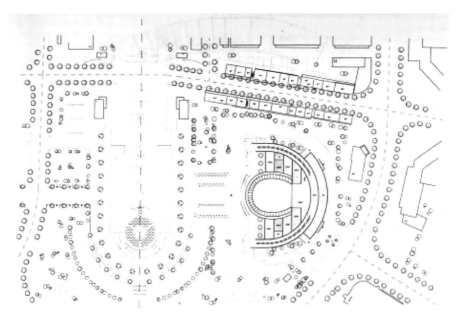

图 21-1 义乌大剧院总平面

鉴于该建筑处于城市中心位置，要把这幢建筑设计成什么样子成为我们构思的最先着眼点。除了满足合理的规划布局，精心的功能安排，观众厅"看得清""听得见"和"疏散快"，安全的交通组织和美的建筑造型等剧院设计要求，还要充分考虑该建筑所处的时代背景。该建筑与以往时期建造的剧院应有所不同。因此，时代性及其表现成为我们设计构思的重中之重，也是我们这次剧院方案设计力争的创新所在。该建筑要表现出我们对新时代城市的新认识，要表现出我们对新时代建筑以及新时代剧院的新认识，并要让这些新认识去引领我们的设计，把无形的认识——理念转化为有形的建筑空间及其形体，使该剧院建筑表现出与传统剧院建筑不一样的特性，这就是该剧院建筑方案设计所追求的创意性。

21.2　人民的城市，市民的舞台

人民，是创造历史的动力。城市是人民创造的，人民是城市的建设者，也是城市的主人。城市建设和发展是一部历史巨著。人民既是这部巨著的创作者，也是这部巨著的表演者。以人为本的城市建设和发展，要让市民感到"这是我们的城市""这是我们的剧院"，这就是我们设计创意所追求的。因此，我们剧院设计确定了"人民的城市，市民的舞台"的设计理念，并把它贯穿整个设计。传统的剧院表现的是人民生活的艺术提炼，我们构想的"市民的舞台"则是人民现实生活的真实表现。传统剧院是艺术家的表演舞台，我们设计的"市民的舞台"使市民都能成为这个舞台的表演者。因此，我们不仅为艺术家设计了一个现代化的大剧院，我们还为市民设计了一个罗马露天剧场式的屋顶大舞台。它的平面为 D 形。我们将剧院的屋顶做成台阶形平屋顶和斜坡顶相结合的形式，人们由入口广场可直达屋顶平台。屋顶平台是市民休闲、晨练的场所。市民可方便自如地享受这些城市开放空间，开展公共活动。这里就成为他们表演的舞台，这就是"人民的城市，市民的舞台"（图 21-2、图 21-3）。

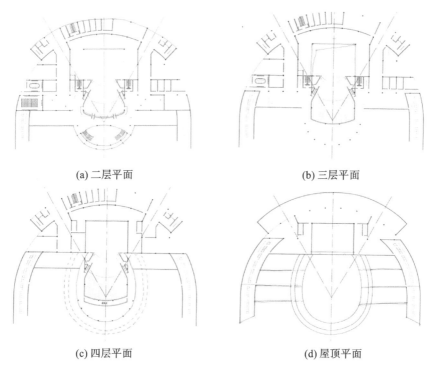

(a) 二层平面   (b) 三层平面

(c) 四层平面   (d) 屋顶平面

图 21-2　义乌大剧院各层平面

图 21-3　义乌大剧院模型

21.3 建筑-城市一体化的剧院

剧院是一座宏大的建筑，也是构成城市的物质要素与空间要素。每一幢建筑都是构成城市形态的一个细胞，不同的建筑有着不同的形态。传统的城市建筑具有自己独立的功能和形态。部分设计者仅考虑单幢建筑的设计问题，较少考虑建筑与周边群体的关系，更少考虑该建筑其他的生活功能及其功能所需要的空间。今天，随着城市化的深入发展，城市人口越来越多，城市生活功能越来越复杂，城市的生活节奏也越来越快，人们更加讲究效率，期盼在有限的时间内能办更多的事。因此，为适应现代人生活的需要，为了给市民创建更方便、舒适、高效、健康的生活环境，建筑由单一类型功能逐渐发展为集多类型功能于一体，把城市生活中衣、食、住、行等功能所需要的空间综合于一体，即新型的建筑综合体，或称为综合体建筑。这就是建筑与城市走向一体化，是城市发展尤其是大城市和特大城市空间形态发展的一个趋势。这样的规划设计既可提高城市空间效率，方便市民使用，又可节约土地，简化城市公共交通。有的大城市建设交通综合体，把城市的对外交通、市内交通、办公、餐饮等都融于一体，构成一个垂直的城市，完全把建筑与城市一体化了。

我们在设计这个剧院时，也引入了这一理念，运用城市空间的加法法则，有选择地将一些城市功能引入剧院建筑设计。人们精神生活的需求越来越多，要求也越来越高。城市要为不同的人群提供方便、舒适的社会公共活动场所。因此，城市的开放空间成为市民不可缺少的空间。这种开放空间为市民提供开展各种活动的场所，是城市空间体系中一个主要构成要素，如广场、游园和绿地。这种开放空间更是增强城市凝聚力、市民归属感和自豪感的场所，是体现城市活力的窗口。

我们打破以往建筑与城市空间生硬的隔阂，使剧院更向城市开放，更加融于城市。为此，除具有传统剧院的功能空间外，该剧院还在室内设计了文化设施及休闲空间，将D形的建筑屋顶空间作为城市公共活动的开放空间，并与绿化空间相结合。因此，该剧院不仅具有传统的演出、会议等文化活动功能，还添加了许多开放空间的功能。它不再是单一的建筑，成了与城市一体化的综合体。

21.4 生态城市，绿色建筑

可持续发展的思想提出后，世界各国都极为重视在城市建设中贯彻可持续发展的思想。为此，我国将这一工作纳入重要的议事日程，由防止污染转向环境保护与治理。我国城市化的过程必然是走向生态化城市的过程。因此，从现在起，城市与建筑的规划与设计就要自觉贯彻和推行生态化的原则，建筑也应该走上绿色建筑之路。未来的城市应该是拥有蓝天、碧水、青山、茂林的生态城市，适宜人们健康、舒适地生活。

我们的设计坚持贯彻可持续发展的思想，从如何节约土地、节约资源、提高城市建设效益等方面出发，坚持以人民为中心的城市建设思想，为市民创建更多更好的开放空间。我们有意对建筑上部进行开发，将屋顶空间作为城市绿地、文化休闲场地和公共活动场地。我们将斜屋面做成覆土形式，种植灌木和草坪，达到建房还地的效果；将平屋面作为各类活动场地。二者相互间隔，绿地和文化休闲场地在退台的韵律中相互交替，共同构成建筑与自然融合的新的建筑形象。此外，退台式的设计使各层房间都能获得自然采光和自然通风，为后期运营节约能源创造条件。

21.5 高效塑造空间，构建独特建筑形象

剧院建筑是一种空间复杂、建筑造型要求高的建筑。我们主张依赖建筑的本体、建筑的自身要素，遵循事物本身的客观规律进行建筑创作，科学合理地塑造建筑空间，从而达到高效的空间设计，做到适用、经济、绿色、美观。剧院建筑有三大主体空间，即门厅（含休息室）、观众厅及舞台（含后台）。它们是剧院建筑的核心部分，特别是观众厅和舞台，对空间体型、尺度都有特定的要求。观众厅除了要满足座位数量的要求，还要保证每个座位上的观众都能看得见、听得清舞台上的

表演，保证在紧急情况下观众快速疏散。 因此，观众厅的平面形式和剖面形式都需要精心的设计，并使得建筑空间体型与结构空间一致，避免剩余空间的浪费。

我们将观众厅顶棚设计成前低后高的斜面，靠近舞台处低，越到观众厅后部越高。 这是为了把顶棚做成声响反射界面，通过它把声音反射到观众厅后部。 顶棚所界定的观众厅的空间就是观众厅所需要的空间，即有效的功能空间。 为了高效地塑造空间，节约能源，尽力把结构围护的空间与建筑功能空间相吻合，我们把剧院的屋顶也做成斜面，与观众厅顶棚的倾斜度一致，并且在建筑造型中表现出来（图21-4、图21-5）。 如果我们按常规的办法，将屋顶做成水平面，结构界面和功能空间界面之间就必然形成一个三角形的象眼空间。 这个空间实际上无功能意义，成了多余的空间，造成建筑空间的巨大浪费。

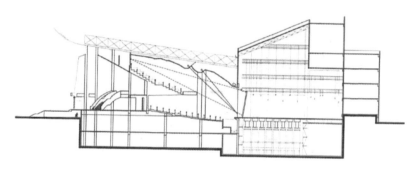

图 21-4 义乌大剧院剖面

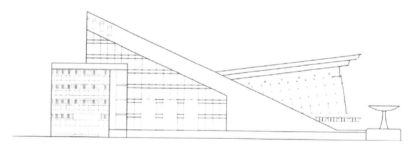

图 21-5 义乌大剧院侧立面

此外，我们把剧院的门厅设计在观众厅的下方，不仅创造了门厅活泼独特的空间形象，而且也体现了空间的高效。

建筑的外部造型应该是建筑内部空间与结构的外在表现。 剧院建筑中的三大主体空间——门厅、观众厅和舞台，自然应在建筑外部造型中得到应有的表现。 在我们的设计方案中，椭圆形斜屋面的体量脱颖而出。 环抱它的是由低向高升起的退台式的屋顶花园，两个斜面彼此相交，相互衬托，将剧院建筑的主体空间充分表现出来。 中部脱颖而出的就是门厅和观众厅，环抱它的退台式屋顶花园的最高处就是剧院的舞台，两侧较低的空间是辅助用房（图21-6）。 这种独特的建筑造型，既与以往剧院不同，又完全符合剧院建筑内在的空间构成规律，不仅是合理的，也是经济的、美观的。

图 21-6　义乌大剧院模型外观

22 富有民族特色的大跨度木构建筑设计

——贵州省黔东南榕江县游泳馆设计

22.1 工 程 概 述

榕江县隶属黔东南苗族侗族自治州，位于湘黔桂三省结合部中心地带，自古有"黔省东南锁钥，苗疆第一要区"之称。 侗族、苗族、水族等少数民族人口占该地区总人口的 85.14%。 榕江县是"贵州省旅游优先发展区""红色革命老区"及"贵州省体操之乡"。 榕江县的民族风情及民间艺术独具一格，享有"风情浓郁、璞玉浑金、无迹不古、山水独秀"的美称。

为迎接 2016 年黔东南苗族侗族自治州第九届运动会暨第三届少数民族传统体育运动会，2014 年榕江县发改委发文立项建设榕江县游泳馆（以下简称游泳馆）一座。 游泳馆总投资 6782 万元，总建筑面积为 11455 m²，总占地面积为 14253 m²。按城市规划要求，该馆坐落在长途汽车站南面，南临滨河路，东为南岳路，西靠二桥和支路，与市体育场和体育馆相邻。 游泳馆内设比赛池一个，大小为 25 m×50 m；训练池一个，大小为 25 m×25 m。 游泳馆内还设有 600 人座位的看台，相应的主席台、运动员、裁判、教练、观众、办公管理等人员的服务设施。 同时，必须考虑游泳馆日常和赛时结合使用的相关设施，如现场多媒体显示系统、游泳池水恒温系统、空调系统及配电室等。 游泳馆是一个集比赛、训练、全民健身与休闲为一体的综合性体育设施。

在榕江县设计一个位置显要、投资不少、体量较大的城市公共体育设施，受到当地的普遍关注。作为设计者，我们要尽心尽力做好这个设计，争取向榕江人民交一份满意的答卷。在总体布局、平面设计及建筑造型创作等方面，遵循适用、经济、绿色、美观的八字方针，进行精心设计。

22.2　总　体　布　局

游泳馆场地不大，南北宽为112 m，东西长为132.4 m，为长方形地块。在这个地块上，为了给室外留有充足的场地，如出入口广场、行车空间、停车空间、绿化空间及消防使用空间等，我们将游泳馆设计成一字形的紧凑体量，尽量靠近场地北面和东面布置。南面和西面分别留出较大的场地，作为出入口广场。辅助出入口就设在西面的支路上，将人流和车流分开；主要人流出入口就设置于南面的滨河路上，并靠西侧布置。主要人流出入口也靠近西侧的体育场、羽毛球场等体育设施，增加了二桥的观光效果。南入口东侧为机动车停车场，南入口西侧为非机动车停车场，两种车流明确分开。游泳馆四周设计环形通道以利疏散和消防（图22-1）。

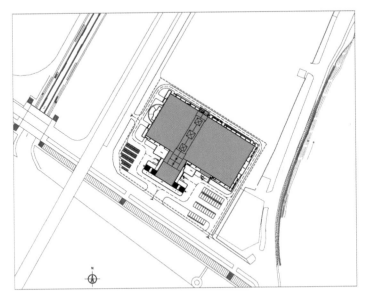

图 22-1　游泳馆总平面

22.3 游泳馆建筑设计

1. 游泳馆平面设计

游泳馆平面设计坚持适用、紧凑、高效的原则,将比赛池和训练池均布置在一层东西方向的轴线上。 比赛池在东侧,训练池在西侧,二者之间设开敞相连的平台,比赛时平台可供选手休息。 平台还可开发成营业空间,供健身人员休息、茶饮等。

游泳馆人流量大,人流类型多,故将各类人员合理分流是设计时一个重要的交通路线问题。 我们将大量观众人流与运动员、训练人员、裁判、教练、管理人员路线分开布置,看台布置在二层,运动员、训练人员、教练、裁判等人员使用的功能用房均布置在一层,并为各类人员设计不同的出入口。 运动员和训练人员从室外台阶出入;裁判、教练这类人员从一层南北出入口分别出入;观众从室外台阶经大平台,从二层门厅出入;运动员的沐浴室和更衣室相对独立,且按性别分设,便于对外开放。

比赛池按标准规模 25 m×50 m 设计,池深 1.8 m。 比赛池两侧布置看台,看台下布置有为裁判、教练、运动员及医务人员等服务的配套用房(图 22-2)。 两侧看台均为 4 排,共设座位 600 座。 比赛池南北边缘距看台均为 6.8 m,如有需要可设临时看台。

观众从室外台阶经大平台进入二层门厅,分别到达南北两侧的看台。 南区观众从二层门厅进入看台,可快速找到自己的座位;北区观众从门厅进入后经过大通廊进入北区看台。 散场时观众可分别从南北看台背后的走廊疏散,人流疏散快捷、安全。 宽阔开敞的大通廊两侧就是比赛池和训练池。

训练池尺寸为 25 m×25 m,与比赛池布置在同一轴线上(图 22-3)。 二者池宽一致,训练池与比赛池相邻布置,便于比赛时使用。 二者之间的玻璃平台下有水,可供休闲。

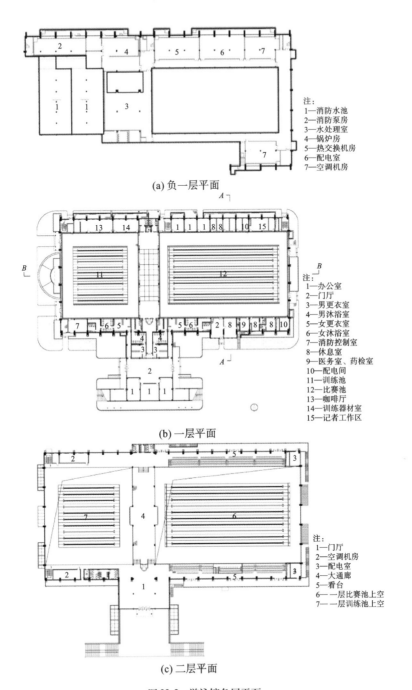

注：
1—消防水池
2—消防泵房
3—水处理室
4—锅炉房
5—热交换机房
6—配电室
7—空调机房

(a) 负一层平面

注：
1—办公室
2—门厅
3—男更衣室
4—男沐浴室
5—女更衣室
6—女沐浴室
7—消防控制室
8—休息室
9—医务室、药检室
10—配电间
11—训练池
12—比赛池
13—咖啡厅
14—训练器材室
15—记者工作区

(b) 一层平面

注：
1—门厅
2—空调机房
3—配电室
4—大通廊
5—看台
6——层比赛池上空
7——层训练池上空

(c) 二层平面

图 22-2　游泳馆各层平面

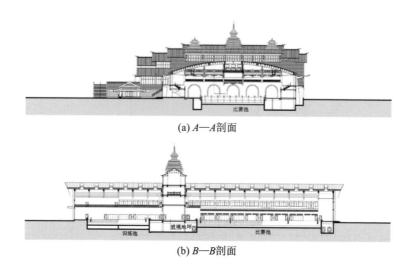

(a) A—A剖面

(b) B—B剖面

图 22-3　游泳馆剖面

如何协调好体育场馆的日常使用和赛时使用是一个普遍存在的问题。 为了该游泳馆的日常高效使用，本设计采取了如下策略。

（1）设置双套男更衣室、男沐浴室、女更衣室和女沐浴室，以适应灵活开放的使用要求，即可开放一组泳池，也可两组泳池同时开放。

（2）比赛池与训练池同层、同轴、同一出入口相邻布置，二者之间设置开敞平台，提供休息空间、休闲空间、交流空间。

（3）训练池北侧用房可作为对外开放时的营业空间，如咖啡厅等。

（4）二层大通廊和训练池南北两侧的二层空间日常均可对外开放，并可作为营业空间，供休闲活动之用。 大通廊寓意当地的风雨桥，其上部一层日常也可对外开放，供休闲活动之用。

（5）二层的卫生间服务设施日常也可对外开放。

22.4　游泳馆的建筑造型设计

我们在设计创作中尤为重视榕江县的地域传统建筑文化，以创作回归的观念，争取将游泳馆创作成具有地方民族特色的现代建筑，传承地域建筑特色并发扬光大。

侗族的鼓楼又叫作"堂瓦"，是聚落中公共场所的意思。 侗族每寨必设鼓楼，它是侗族集会、议事、休息和进行文娱活动的公共场所。 人们劳动之余聚集于此，听歌赋诗或谈古道今。 人们夏天在此纳凉，冬天聚此取暖（图22-4）。

图22-4　侗族鼓楼

风雨桥又称"花桥"，亦叫"福桥"，是侗族人引以为傲的民族建筑。 风雨桥由巨大的石桥墩、木结构的桥身、长廊和亭阁组合而成（图22-5）。 因为能避风雨，故名"风雨桥"。 桥面游廊宛如长龙，游廊上建有3～5座高3～5层的重檐四角亭或八角亭，游廊两旁设长凳，供来往行人休息。 热心公益的侗族人夏天常在桥上施茶水，供行人解渴。 风雨桥是人们歇息、纳凉、拉家常的好去处，节日时人们可在此举行文娱活动。 它横跨溪河，傲立苍穹，久经风雨，坚不可摧。 桥体庄重巍峨，如巨龙卧江，气吞山河，十分壮观。 风雨桥不仅为人们提供便利，而且是侗族的标志物，也是传统的交通建筑。 风雨桥是侗族桥梁建筑的结晶，也是侗族建筑艺术的一朵奇葩。

吊脚楼是侗族民居的鲜明特色。 侗族聚居地多为山区，气候多雨湿润。 为防潮湿和毒蛇虫害的侵袭，房屋架空，底层不住人，仅用于饲养家禽牛羊，放置农具和重物等。 吊脚楼都为干栏式建筑（图22-6）。

图 22-5 侗族风雨桥

图 22-6 侗族吊脚楼

鼓楼、风雨桥、吊脚楼是侗族优秀传统文化的代表，所以贵州将侗族文学的最高奖项定为"鼓楼奖"和"风雨桥奖"。我想，将其作为贵州建筑创作的最高奖项名称也是很合适的。

为使游泳馆具有黔东南地区的民族特色，我们努力将现代功能、现代材料、现代技术、现代设计理念与传统的建筑特色有机融合，而不是生搬硬套，标签符号式的粘贴。我们在充分分析这些建筑产生、形成和发展的各种影响因素的基础上，认真把握建筑的各种物质元素，并加以科学合理的应用。

首先，游泳馆以木结构为主。木结构是黔东南地区历史建筑的根本要素。无论是低矮的民居，还是高耸的鼓楼，抑或是风雨桥、吊脚楼等建筑都为木结构。这是因地制宜，就地取材的必然结果。当今，木材符合可持续发展战略思想，代表着未来建筑的一个重要方向，因为它是天然的、可再生的、可循环利用的、节能减排的。现代木材加工技术可以改造和提高木材的物理性能，让木材达到防水、防潮、防腐、防虫和防火的要求。

游泳馆屋顶采用张弦木拱体系，跨度为 50.4 m。木拱采用 2×170 mm $\times 1000$ mm 双拼胶合木构件，沿弧长分三段拼接。木拱采用 6 根木撑杆，与主索形成张弦结构，并与纵向索和屋面索形成完整的稳定体系。自平衡的张弦木拱支承于滑移支座，消除支座水平推力，有效地降低了造价（图 22-7）。

游泳馆二层大通廊上方的风雨桥和鼓楼也采用传统木结构（图 22-3、图 22-8）。木材选用贵州当地杉木，胶合木结构采用强度等级 TC17 级的优质木材，同时按照游泳馆使用要求选用 PRF 结构胶黏剂制作。胶合木成品表面采用环保型木材防腐液 ACQ 和防护型木蜡油进行二次涂装，最大限度地提高了木构件的耐久性能和防潮性能。

风雨桥是当地传统的交通载体，也是人群交往的活动空间。我们充分重视这个特别的建筑形式，并努力将这个传统的建筑元素有机地融入游泳馆，发挥风雨桥的交通功能和交往功能，而不是把它作为符号、标签张贴在那里。为此，我们有意将大通廊布置在比赛池和训练池之上。人们行走其上，看到两侧都是宽大的水面，仿佛行走在桥上。这条大通廊按风雨桥的形式，采用钢筋混凝土拱桥，外贴石材，如同传统的石拱风雨桥（图 22-9）。游泳者在大通廊下如在风雨桥下，可产生亲切

图 22-7　正在施工的游泳馆屋顶工程

图 22-8　大通廊上方的风雨桥木结构内景

图 22-9　风雨桥式的二层大通廊

感、民族感、乡愁感。　我们还有意在二层大通廊上设计了第三层。　第三层也是仿风雨桥设计，但它外露在游泳馆拱形屋顶之上，人们从二桥上或滨河路上也能看到完整的风雨桥形象。　这个设计体现了游泳馆鲜明的地域特色和民族风情（图22-10）。　这一层服务设施齐全，有景观电梯、楼梯和卫生间，今后可以开发休闲服务业，开创新的商机，解决日常使用的问题。

三层风雨桥的两侧是宽为 14.4 m 的屋顶采光天窗。　设计有意将天窗挂在拱形屋顶上，而不是直接将天窗开在拱形屋顶上，且天窗两侧是可自动开启的高侧窗（图 22-11、图 22-12）。　这种设计是为了节能，充分利用太阳光和气流，让游泳馆自然采光和自然通风。　屋顶天窗玻璃面上设计有宽为 5～10 cm 的蓄水池。　从三层风雨桥上看，它也像一条溪河，可谓"天河"，是名副其实跨河而建的风雨桥。　我们将游泳馆东西两端的排水口塑造成天然瀑布的景观形象，以表现贵州山水之美。"天河"水位可控制，节日或比赛期间可形成瀑布。　地面设有水池集水，便于循环利用。

为了加强风雨桥之感，我们将比赛池和训练池的连接部位设计成石拱桥形式，并设计玻璃地坪，下设浅水池，与两侧池水相连，像是一条溪河。

图 22-10　风雨桥式的三层大通廊

图 22-11　游泳馆天窗

图 22-12　天窗内景

　　吊脚楼是先人在"地无三尺平"的特定地域环境中，为扩大使用空间而创造的"占天不占地"的建筑形式。在游泳馆的建筑设计中，我们也充分利用和表现了这一传统的建筑形式。我们在游泳馆南北两侧看台上悬挑出一个走廊，将其作为观众疏散通道。走廊采用吊脚楼的形式，全部采用木结构，与吊脚楼的视觉效果一致。我们用现代木构架表现建筑的形式精神，赋予传统形式新内容（图 22-13）。

图 22-13　吊脚楼形式的观众疏散通道

22.5 可持续建筑绿色原则的设计

游泳馆设计以可持续发展思想为指导，充分考虑绿色建筑的要求，使该建筑不仅能建得起，而且也能用得起；不仅好看，还要好用；不仅赛时用，日常也能用，即考虑建筑全生命周期，具体表现在以下几方面。

（1）平面形式简洁，空间布局紧凑，建筑体形系数小，单位建筑空间所分担的热散失面积小，能耗少，利于节能。

（2）设计时充分利用有利因素，避开不利因素。建筑为南北朝向，避开东西晒。尽量采用自然采光和自然通风，大跨度的比赛池大厅、训练池大厅都采用天窗和高侧窗，白天可不用人工照明，节约能耗。

（3）采用天然、可再生、可循环使用的建筑材料，尽量减少使用高能耗、高污染的建筑材料，如钢筋混凝土、黏土砖等。除了框架梁柱为钢筋混凝土，游泳馆大跨度屋顶采用胶合木结构，游泳馆中部二层及二层以上部分均采用木结构，并且这些天然材料尽量就地取材。游泳馆的风雨桥、鼓楼及吊脚楼部分全部采用木结构，并采用当地的杉木。一层墙体全部采用石墙，二层采用蒸压加气混凝土砌块作外墙填充体，就地取材减少了运费，使建筑既有鲜明的地方特色又节能，符合可持续发展要求。

（4）游泳馆大跨度木结构拱形屋顶上的天窗设计中，我们采取垂挂式的天窗，将其悬挂在拱形木屋梁上，在天窗玻璃面上设计一个蓄水池，保持池内水深5~10 cm，如"天河"。这种设计使光线不仅更加柔和不刺眼，而且大大减少了太阳辐射热的侵入，使游泳馆的光线明亮且温度适宜。夏天使用不仅节省能耗，而且达到更舒适的使用效果。这种人造"天河"的独特功效是设计之外的收获。

（5）设计充分考虑游泳馆的日常使用，为其创造有利的条件，如双套卫生服务设施、公众使用的服务设施、休息空间、出入口以及垂直交通的设置等。

22.6　结　　语

在建设方和施工单位的共同努力下，游泳馆如期建成。 在实际使用过程中，该馆设计达到了预期的目标。 图 22-14 为设计方案效果。 图 22-15 为建成后的实景效果。 可以看出，建成后的游泳馆基本达到原设计的要求。

(a) 设计方案效果1

(b) 设计方案效果2

图 22-14　设计方案效果

(a) 建成后的实景效果1

(b) 建成后的实景效果2

(c) 建成后的实景效果3

图22-15　建成后的实景效果

(d) 建成后的实景效果4

续图 22-15

第三篇

木构绿色低碳建筑探索

23 轻型·框板·集成·绿色·低碳

——木构建筑体系的建构

23.1 反思、构想

为了应对全球气候变暖造成的地球环境危机，世界各国都在研究并采取多种措施减少碳排放量。 建筑行业是碳排放的大户，有社会责任感的建筑师正在尝试"零排放建筑"，探求绿色建筑设计。

2008 年四川汶川大地震引起了我们对建筑更深刻的反思。 当时，住房和城乡建设部制定了建 100 万套过渡安置房的计划。 过渡安置房全部用彩钢板建造，由各省承包建设。 抗震重建是挑战也是机遇。 除了抗震技术要求，抗震重建还应坚持新的建设原则，即按可持续发展的思想进行规划、设计和重建，走抗震、节能环保、安全、健康的可持续发展的重建之路。

我们试图减少对高能耗、高污染、低效率的建筑材料的应用，如钢、水泥和黏土砖等，采用天然的、可再生的材料。 从 2008 年起，我们开始将天然的、可再生的林木、竹和工业、农业、林业的废弃物（如建筑垃圾、矿渣、农作物的秸秆及废枝、干叶等）作为建筑材料的基本原材料，用它们做建筑的结构骨料，生产人造板或构建建筑板材，并使它们具有保温、隔热、防水、防潮等性能，用它们做建筑的内墙板、外墙板、楼面板及屋面板。 我们从材料着手，探索可持续发展的低碳建筑之路。 具体说，就是要建构一条木构（或钢构）、轻型、框板、集成、绿色、低碳的可持续发展之路，这就是我们要追求的目标。

23.2 策　　略

为了建构一种资源节约型、环境友好型的可持续发展的建筑模式，我们采用的策略如下。

（1）材料应用方面，在结构允许的范围内，少用高能耗的钢、水泥和黏土砖，尽量利用天然的、可再生的林木、竹和工业、农业及林业的废弃物，将其作为主要的建筑原料，实现材料的可再生和循环利用。

（2）在建筑材料生产、房屋的建造及使用中，采用低能耗、环保的生产方式，采用免烧、免蒸的冷加工工艺，实行低能耗的生产。生产中不产生有害的废气、废水或废弃物，生产节能、环保的生态绿色产品——绿色建筑材料和建筑产品，尽量减少使用高能耗、高污染、低效率的建筑材料，以减少灰尘、有害气体、噪声及固体垃圾等。

（3）科学合理地设计建筑构造，将不同性能的木质和非木质人造板制作成一种具有防火、防水、保温、隔热、隔声、防腐、防潮的多功能复合空心板。它既可做内墙填充体，也可做外墙填充体；既可做楼面板，也可做屋面板。充分利用高科技的工业、农业、林业的加工方法，改善和提高原材料的性能，变废为利，变粗为精，变低效为高效，研发新的材料和新的建筑构件。

（4）轻型、框板、集成、绿色、低碳的木构建筑体系由骨架体系（以下称支撑体）和生态板体系（以下称填充体）构成。支撑体主要由天然材料木、竹制作而成，多层建筑也可用轻钢骨架。填充体由多功能复合空心板构成，由梁、柱、板三种基本构件构成。所有的梁、柱、板构件都实行设计标准化、构件模块化、生产工厂化、施工装配化，采用产业化和工业化的建造方式。工厂生产完所有构件将构件运到工地现场安装，促使建筑工业化，实现文明生产、清洁生产和建造。这些构件均可循环利用。

（5）在建筑生产和建设中采用适宜技术，充分提高资源的利用率，充分利用人力资源优势，降低生产和建设中的能耗率，有利于节能减排。低层建筑骨架体系主要用天然的木、竹做骨架的梁和柱；多层建筑可采用木构，也可将轻钢作为骨架材料；高层建筑则可采用钢骨架。 这种适宜技术可以适应不同层数建筑的要求，尽量少用或不用钢筋混凝土和黏土砖。

23.3 方　　法

对应上述的设计策略，我们采用的方法如下。

（1）原料。

采用可再生、生长快速的林木，如8～10年即可成材的白杨树，还有10年可成材的杉树、12年可成材的松树等。 利用现代木业加工技术，改善和提高它们的物理性能，生产成建筑材料（图23-1）。

图 23-1　建筑材料——生长快速的林木

采用天然可再生、生长快速（5～6年可完成生长）的毛竹及工业的废弃物，如炉渣、石粉等（图23-2）。

采用农作物的废弃物——秸秆、稻壳等。 我国每年产生秸秆超过7亿吨，大多

图 23-2 建筑材料——毛竹

数秸秆被烧掉，造成空气污染。 我们把它作为建筑材料，并做成建筑构件——多功能复合空心板（图 23-3）。

图 23-3 秸秆利用

采用木质和非木质人造板，如不含甲醛或含少量甲醛的人造板、秸秆板、多层胶合板、中空刨花板、竹制人造板及石膏板等（图 23-4）。

采用实木、实木集成材或竹加工集成材做骨架——梁、柱，主要将其用于低层建筑。 根据建筑层数选用不同的骨架材料。 多层建筑可将轻钢作为骨架材料，高层建筑宜用钢骨架。

（2）建筑基本构件。

工厂利用上述材料制成三种建筑基本构件，即梁、柱、板（图 23-5）。 用实木、实木集成材或竹加工集成材制成实心或空心的柱和梁。 多层建筑、高层建筑可用轻钢结构和钢框架结构。 木龙骨及各类人造板材经过科学合理的构造设计可用于建构标准化生产的多功能复合空心板，并具有保温、隔声、防潮及防火的性能，可做成内墙板、外墙板、楼面板和屋面板（图 23-6）。

图 23-4　木质和非木质人造板

（3）结构。

继承中国传统木结构体系及现代 SAR（支撑体体系）理论，采用骨架支撑体和多功能复合空心板相结合的框板体系。 在这个框板体系中，用梁和柱构建骨架体系，将多功能复合空心板建构成各类空间填充体系，起到一定的抗震作用。 图 23-7 为框架与板体结合示意。

（4）建造方式。

我们按照开放建筑设计理论，将建筑分为三部分，可分阶段来完成，为公众参与设计和建设提供了新的建设模式。 按照建筑的性质和要求，可按如下三种建设方

图 23-5　三种建筑基本构件——梁、柱、板

图 23-6　标准化、模块化、工厂化生产多功能复合空心板

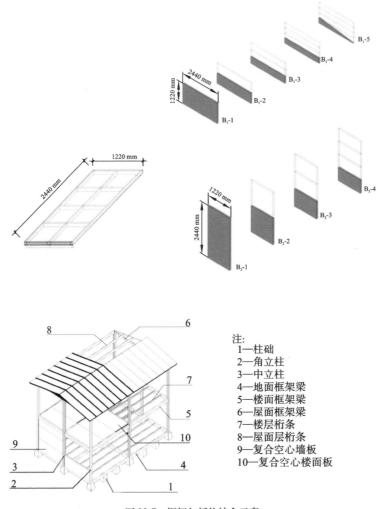

注:
1—柱础
2—角立柱
3—中立柱
4—地面框架梁
5—楼面框架梁
6—屋面框架梁
7—楼层桁条
8—屋面层桁条
9—复合空心墙板
10—复合空心楼面板

图 23-7　框架与板体结合示意

式，分三个阶段进行营建。

①基本房体。

由三种基本构件梁、柱、板装配成的建筑空间骨架体系，装以门窗，就构成了基本房体，也就是一个富有弹性的空间——毛坯房。它可用作临时安置房，也可作为永久使用建筑。

②可变的内部填充体安装。

内部填充体可以按需定制，并可更新改造。它可用于使用空间分隔和室内装修工程。

③表皮外包工程。

表皮外包工程。 即对基本房体进行二次表皮装修。 住户可对基本房体屋面、外墙面进行再装修，以适应长期使用，增强其耐久性和美观性。

如此，建筑就可达到预期的建筑标准和要求。 它可以作为一般的住宅，也可建成别墅或度假屋等，甚至可做成定制的私家别墅。

由这种建构体系建成的建筑可以是短期使用的，也可以是永久使用的。 它可以一次建成，也可以分期建设，即先建基本房体，再进行表皮装修。 可以根据经济条件确定标准，逐年进行表皮外包工程，就像传统的农村自建房一样逐年建一点。 可以根据不同地域文化，创建不同的建筑风格。 这种建设方式可在新农村建设中发挥积极作用。

23. 4　特　　点

（1）全部采用可再生的木质原料及农作物秸秆材料，将工厂化生产的多层板及秸秆板作为安置房的基本材料，配以木质梁、柱。 这些材料都是天然材料，采用的胶黏剂均无甲醛、不散发对人体有害的气体，是健康、环保的建筑材料。

（2）按开放建筑的设计理念，把建筑分成支撑体和可分体两部分，即"骨"与"壳"两部分。 安置房的两层支撑体均采用木梁柱体系，每个房间由 6 根 160 mm×160 mm 的木柱支撑，在楼面层和屋面处放置梁和格栅，梁和格栅全为木质。 这些共同构成一个支撑骨架体系，和中国传统民居的做法一脉相承。 安置房的"壳"——墙体和屋面均由板体拼装组合构成，组合板墙和屋面均与承重的木构支撑体紧密、有机地整合在一起，形成一个有骨架的盒体结构，保证了支撑体和板墙体的稳定性和安全性。 这种木构方式更有利于抗震，在余震频繁发生的川北地区是更为合适的一种建造模式。

（3）以多层板和秸秆板的规格尺寸（1220 mm×2440 mm）为设计模数，做到板材"零废料"，最大限度地减少材料的消耗。 内墙板、外墙板均采用这种工厂大批量生产、规格为 1220 mm×2440 mm 的板，外墙板的外侧用 10 mm 厚七层板，内侧用

4 mm 厚三层板，中间放 30 mm 厚秸秆板。 中间还有两层空气层。 空气层上下可通，热气依靠烟囱效应从墙的上部排出，使墙体具有一定的隔热、保温效能。 墙板的总厚度为 94 mm，内墙板两面都采用 4 mm 厚的三层板，其他构造与外墙板相同，内墙板的总厚度为 88 mm。 平面的开间和进深，建筑檐墙和山墙的高度，屋面的坡度与出檐尺寸都充分考虑工厂化生产的板材的尺寸大小。 房间的开间净尺寸是 3660 mm，即 3 块板的宽度（3×1220 mm）；房间的进深为 2×2440+4×40 = 5040（mm），故房间的净面积约为 18.45 m²。 每套安置房的建筑面积为 19.9 m²。 也可将一个 20 m² 的大房间分为两个 10 m² 的小房间，提高分配的灵活性。 这种房间一般放在平面的两端，可以保证房间自然通风。 屋面则采用 6 块 1220 mm×3000 mm 的板，内外双面，中间加保温秸秆板。

同样，立面的墙高也是根据板材模数来确定的。 正立面檐墙高度如图 23-8 所示，侧立面的檐墙高度如图 23-9 所示。

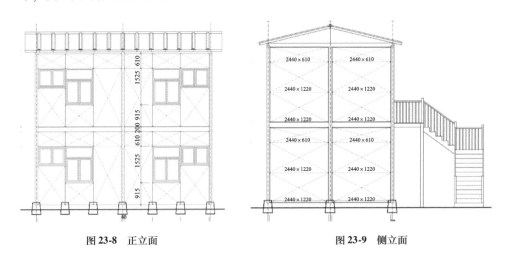

图 23-8 正立面   图 23-9 侧立面

（4）安置房全部构件均采用工厂化生产、现场组装的建造模式。 除了地坪，建造过程中几乎可以不用水、石、水泥、钢筋等建筑材料，就连柱础也采用预制的成品构件，和其他木构件共同装箱运送到现场。 1 个单元 4 个房间，2～3 天即可完成，体现了多、快、好、省的原则。

（5）按照可持续发展的思想，该安置房的研究自始至终贯彻了 3R 原则，即减量化、再利用、再循环。 我们设计的安置房实行了"零废料"的板材使用原则，采用多层板、秸秆板。 这些材料有的是自然生长的，在生长中不消耗人工能源；有的是农作物的废弃物——秸秆。它们不含有害物质,是环保产品。生产这些材料的过程中也不使用任何有害的物质。利用它们制作的木质和非木质复合空心板,具有防火、防水、隔热、保温等性能。安置房拆除下来的构件仍然可以再利用,就算拆除销毁,也不会产生二次污染。木构的建筑可以使用10年、20年甚至更长的时间。

(6)能否在有限的空间内为住户提供更好的居住环境,让每立方米的空间都能合理使用,为住户提供更多的可使用空间,让家庭生活的不同功能可以适当分置,这是我们研究安置房的又一个出发点,力求"小空间,能有多用场"。为此,我们在合理利用板材模数的原则下,将两层楼的高度定为6.1 m,平均层高为3.05 m。但实际上,一层层高为3.3 m,二层层高为2.9 m,以便室内上空得到更好的利用。

安置房的层高虽然比通常住宅的层高高了一点,但能更有效地将室内上部空间利用起来,从而增加更多的可使用空间,使家庭生活的不同功能得以分开。如图23-10所示,室内上部增加了睡觉的空间,也可将其称为卧室,上部还增加了储藏空间。底层则为起居室、餐厅和厨房。这就是把家具和建筑有机结合起来,利用家具分隔空间、再造空间的范例。

图23-10 安置房的室内空间

这一部分的设计由住户根据需要,自己投资、自己设计、自己建造。这一形式让住户参与到安置房的建设工作中,发挥了住户的积极性。安置房也充分考虑了住户自行安装的可能性及相应的条件。

这种两层木构建筑是为灾区过渡安置房研究建造的，实际上它的用途更为广泛，可作为灾区重建的一个适用、经济的住宅品种。它可以大规模的工厂化生产，现场组装，建房速度快，从而加速灾区的重建工作。它可以作为农村住宅的一种建设方式，也可以作为休闲度假地的农家乐住宅或乡村别墅，还可以作为城市郊区的高级别墅。这种两层木构建筑也可作为低层的宿舍、乡村宾馆、办公楼、医院、学校及商店等。

24 木构绿色低碳建筑探索之一
—— 抗震救灾过渡安置房样板房设计与建造

24.1 过渡安置房

2008 年 5 月 12 日，我国四川省汶川县发生了 8.0 级的地震。 受到严重破坏的地区面积为 $5 \times 10^5 \ km^2$，其中极重灾区共 10 个县（市），较重灾区 41 个县（市），一般灾区共 186 个县（市）。 汶川地震是中华人民共和国成立以来破坏最强、波及范围最广、灾区损失最重和救灾难度最大的一次地震。

为了救灾，我国政府决定建设 100 万套过渡安置房。 住房和城乡建设部颁发了《地震灾区过渡安置房建设技术导则（试行）》（以下简称《导则》），以指导过渡安置房的建设工作。

《导则》规定，每套建筑面积为 15～22 m^2，建筑层数为一层。 在《导则》的指导下，住房和城乡建设部按国务院统一部署，紧急下达了过渡安置房的建设任务。一方有难，八方支援，全国各地迅速行动起来，对口支援。 我们也要行动起来，用我们的专业知识，为过渡安置房的建设以及灾区重建工作尽一点微薄之力。

我们看到《导则》以后开始思考：如果 100 万套过渡安置房都为一层住房，合适吗？ 在川北高原地区，平整的地是有限的，过渡安置房建设应尽量不占或少占农田，尽量利用废弃地、空旷地。 因此，我们认为过渡安置房不应只有一种模式，一个品牌，全部为一层，也许可以研究建设两层过渡安置房。 此外，我们还在想，尽管采用钢结构可以快速安装建房，但是彩钢板存在二次污染的问题，即板的内芯燃烧后会产生有害气体，造价也比较贵。 因此，我们想采用另一种建筑材料——木质合成板，将其作为过渡安置房的基本建筑材料。 在保证安全的情况下，设计建造一种两层的装配式木构过渡安置房，可以节约土地。 采用可再生并可再利用的材料，不产生二次污染，对人体健康无害，这样更符合可持续发展的思想。

为此，南京大学建筑学院（现为建筑与城市规划学院）就联合了南京林业大学、东南大学建筑学院、南京工业大学建筑学院及江苏胜阳实业股份有限公司等单位成立了产、学、研结合的"木构过渡安置房"工程项目研究组。该工程由我和南京林业大学周定国教授、徐永兰教授共同主持，并有一批具有博士学历的教师参加，共同承担"木构过渡安置房"的研究设计工作。江苏胜阳实业股份有限公司、江苏大盛板业有限公司等企业共同承担板材的生产和过渡安置房样板房的建造工作。经过共同努力，过渡安置房样板房在南京林业大学校园内建成。

24.2 过渡安置房样板房设计

过渡安置房样板房为两开间、两层楼，建筑面积共 80 m²，是根据我国住房和城乡建设部颁发的《地震灾区过渡安置房建设技术导则（试行）》和抗震要求设计的。过渡安置房样板房分上下两层，共四间，每间 20 m²，不设厨房及室内卫生间，设置室外楼梯（图 24-1）。建筑采用木结构，用实木做成柱、梁和桁条，内墙板、外墙板、楼面板及屋面板全部用我们设计的多功能复合空心板。多功能复合空心板有不同的规格，一般是 2440 mm×1220 mm×100 mm。过渡安置房样

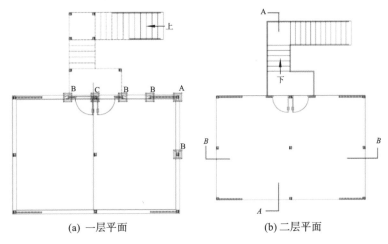

(a) 一层平面　　　　　　　　　(b) 二层平面

图 24-1　建筑平面

板房外墙板厚100 mm，内墙板厚80 mm，楼面板和屋面板均厚80 mm。 建筑详图
和结构布置见图24-2～图24-5。

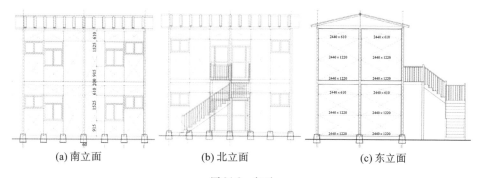

图 24-2　立面

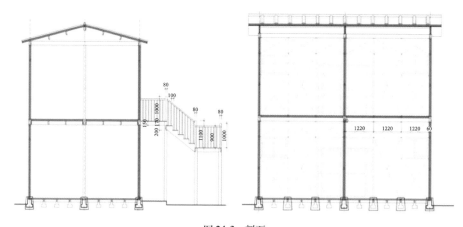

图 24-3　剖面

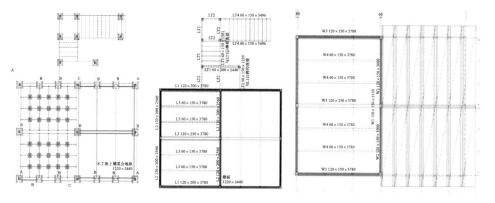

图 24-4　结构布置

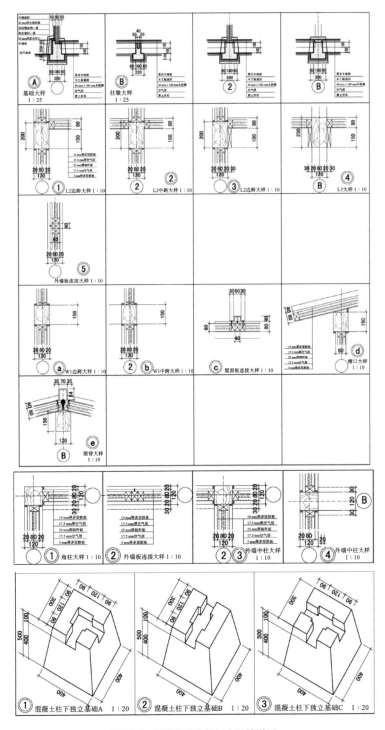

图 24-5　过渡安置房样板房设计详图

24.3　过渡安置房样板房建造

过渡安置房样板房的全部建筑部件包括木质柱、梁、桁条、檩条、多功能复合空心板及木门窗等在外地厂家生产，委托物流公司运输到南京林业大学施工现场，由木工师傅人力组装，未用任何机械设备，只能用一套活动脚手架。 全部建筑部件由卡车装运至工地（图24-6），7天全部完成任务，过渡安置房样板房即建成。 此过渡安置房样板房除了独立柱用预制混凝土构件，未用钢筋和黏土砖，总造价7万元。 图24-7～图24-17为其建造过程及竣工后实景。

图24-6　梁、柱、板等构件运输到施工现场

过渡安置房样板房建造中没有产生噪声，也没有产生垃圾。 施工组装完成后，构件也都全部用完，实现了清洁生产，文明施工。

过渡安置房样板房建成后，社会反应热烈。 人们纷纷来电来函，实地参观考察。 这给予我们很大的鼓励，说明它是适应社会需要的。 此房建成数月后，学校

图 24-7 挖坑，埋柱础

图 24-8 立柱

另有建设需要，就将此房拆卸，转运至异地重建了。这也说明该建筑体系可以重复使用，符合 3R 原则。

该过渡安置房样板房是南京四所高校有关专业师生共同研发的产品，体现了多学科产、学、研交叉合作研究的新模式。图 24-18 为团队合影纪念照。

图 24-9 装墙板

图 24-10 组装一层墙板和楼层框架

图 24-11 铺楼层桁条

图 24-12 铺设楼面板 1

图 24-13 铺设楼面板 2

图 24-14　组装屋顶桁条

图 24-15　铺设屋面板

图 24-16　竣工

图 24-17　竣工后的二层室内实景

图 24-18　团队合影纪念照

可持续发展的建筑规划与设计——迈向绿色转型的建筑规划设计研究与实践

25 木构绿色低碳建筑探索之二
——浙江省天目山西谷度假屋设计与建造

25.1 规 划 设 计

该场地坐落在浙江省天目山，山坡朝南，北高南低，坡度较大。 我们结合山势和用地范围，一共规划了 8 幢度假屋，度假屋分左右两列布置，每列 4 幢。 设计将它们错落布置在不同的标高上，且均为南北向布置，出入口分别设在场地的东、西两端（图 25-1）。

图 25-1 度假屋规划设计效果

这8幢度假屋都为家庭式，供人们休闲度假之用。度假屋内部设计有起居室，大、小卧室各一间，以及卫生间。度假屋水电设施配套齐全，每幢度假屋建筑面积为72 m²。

度假屋为两层休闲住所。设计结合地形高低，采用错层式布局。进入门厅后，向下半层到达起居室，向上半层到大卧室。小卧室与卫生间就布置在一层，采用矩形平面，自然采光和自然通风较好（图25-2～图25-4）。

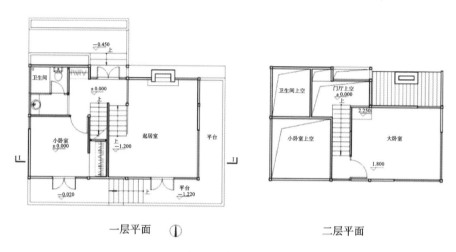

一层平面　　　　　　　　　　　二层平面

图25-2　度假屋平面

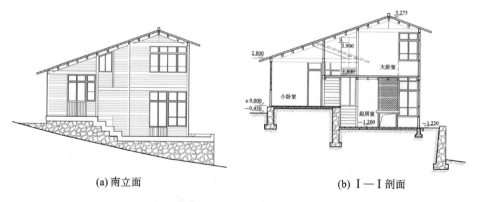

(a) 南立面　　　　　　　　　　　(b) Ⅰ—Ⅰ剖面

图25-3　度假屋立面和剖面

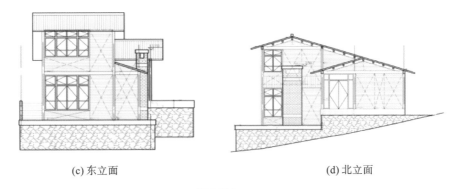

| (c) 东立面 | (d) 北立面 |

续图 25-3

图 25-4　单体设计效果

25.2　建　　造

这个工程设计中，我们沿用了此前在南京建成的过渡安置房样板房的设计理念和建造技术，也采用了轻型、框板、集成、绿色、低碳的木构建筑体系。 设计将木构梁、柱作为骨架体,将木质和非木质多功能复合空心板作为骨架上的填充体、外墙体、内墙体、楼面板和屋面板。该空心板具有保温、隔热的性能。

这个工程使用的木构柱、梁、板都在工厂生产,分别从江苏和广东运往场地,工人在现场进行组装(图25-5)。

图 25-5 组装梁、柱

梁、柱组装完工后,铺设木格栅,接着铺设楼面板。它们都采用木质和非木质多功能复合空心板(图25-6)。

梁、柱、楼面板等组装完成后,安装内墙板、外墙板(图25-7)。它们也采用多功能复合空心板。采用企口式构造将墙板固定于梁、柱上,不用一根钉子(图25-8)。

这项工程与在南京建成的过渡安置房样板房工程不一样。过渡安置房样板房工程不用再装修,而这项工程是度假屋,室内外都需要进行再装修,装修材料都是木质板材。工程建成后的效果如图25-9～图25-13所示。

这个工程的建成,说明我们研究的设计标准化、构件模块化、生产工厂化、施工装配化的方式是合适的,行之有效的。此房建成也说明,这种木构建筑体系可适应不同的使用功能要求及不同的建筑标准,也适用于不同类型的建筑。

图 25-6　铺设木格栅和楼面板

图 25-7　安装内墙板、外墙板

图 25-8　架构屋盖工程

图 25-9　建成后的效果 1

图 25-10　建成后的效果 2

图 25-11　建成后的效果 3

图 25-12　建成后的效果 4

图 25-13　入口门厅

26　木构绿色低碳建筑探索之三
——南京秣陵农民之家设计与建造

26.1　工　程　概　述

本工程是 2009 年江苏省住房和城乡建设厅组织南京市及江宁区共同投资 40 万元人民币建设的低碳建筑示范房，位于南京市江宁区秣陵街道周里村。

江苏省住房和城乡建设厅确定建造两幢低碳建筑示范房，分别为竹构示范房和木构示范房。 前者由东南大学建筑设计研究院有限公司负责设计、研究和建造，后者由东南大学开放建筑研究发展中心负责研究、设计和建造，由我主持此项工作。两种示范房各投资 40 万元，建于同一地点。 这里介绍的是由我们主持设计和建造的木构示范房。

26.2　规　划　设　计

本工程与竹构示范房建造于同一场地。 经双方商议，确定两幢示范房的布局方式和具体位置，二者组建为一个整体，既可分别使用，也可整体使用，如图 26-1、图 26-2 所示。

我们承接并主持设计研究的木构示范房是农民之家。 我们研究提出的《木构·板式·集成·绿色建筑》试点工程，建筑面积为 208 m^2，是江苏省住房和城乡建设厅认可的。

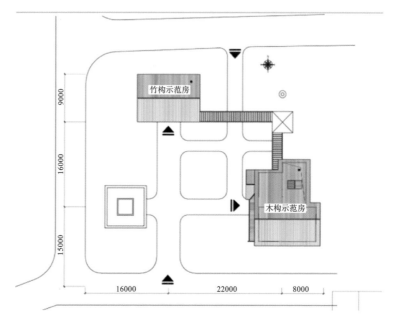

图26-1 总平面

图26-2 总体鸟瞰

本工程设计为两层，一层是门厅、展示室、棋牌室及卫生间；二层为图书阅览室和电子阅览室。入口设置于西、北两侧，与竹构示范房形成一个整体（图26-3～图26-7）。

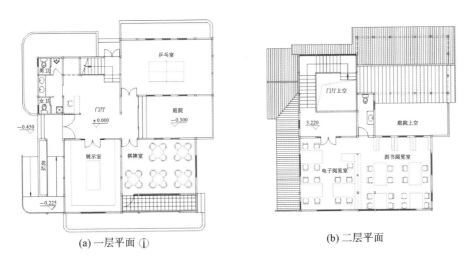

(a) 一层平面 ①

(b) 二层平面

图 26-3 平面

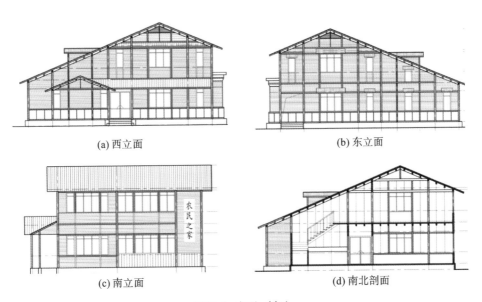

(a) 西立面

(b) 东立面

(c) 南立面

(d) 南北剖面

图 26-4 立面、剖面

图 26-5 设计效果 1

图 26-6 设计效果 2

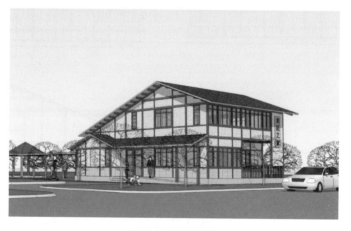

图 26-7 设计效果 3

26.3 建　　造

这座木构示范房采用木骨架梁柱结构，采用我国传统的榫卯结构，只用少量的镀锌铁件加固（图26-8）。木质材料均经防腐处理。一层外墙板采用 HC 生态板，外刷涂料（图26-9）。二层外墙板及所有内墙板、楼面板和屋面板均采用木质和非木质多功能复合空心板，板的两面均为多层木质胶合板，中间为焊板，并留有双层空气层（图26-10）。

图26-8　木构骨架建造

图26-9　安装一层外墙板——HC 生态板

图 26-10　安装二层外墙板和二层楼面板——木质和非木质多功能复合空心板

　　建筑外墙采用的木质和非木质多功能复合空心板厚 100 mm，内墙采用 80 mm 厚多功能复合空心板，内墙板、外墙板与梁、柱结合都采用企口式和上下嵌入式。楼面板均由木构框架和木桁条构成格构空间，上铺 80 mm 厚的多功能复合空心板，其上铺 18 mm 厚实木复合空心板。

　　屋面采用厚 100 mm 的多功能复合空心板，上铺防水卷材，在其上铺瓦（图 26-11、图 26-12）。

图 26-11　屋面施工过程

　　此工程除了地下基础采用钢筋混凝土，地面以上工程没有用钢筋和水泥，也没

图 26-12　铺设屋面板

有用黏土砖。

　　本工程主体建成后，室内外都进行二次装修并配有完整的水电设备。 整个工程从基础工程到最后完工，用时一个月，建成后一直使用至今。 图 26-13～图 26-15 为建成后实景。

图 26-13　基本建成后的外貌

图 26-14　建成后外貌

(a) 门厅　　　　　　　　　　　　　　　(b) 图书阅览室

(c) 电子阅览室　　　　　　　　　　　　(d) 乒乓室

图 26-15　建成后的内景

27 木构绿色低碳建筑探索之四

——贵州省侗族、苗族传统木构
集成样板房设计与建造

27.1 工 程 概 述

黔东南苗族侗族自治州位于贵州省东南部。 黔东南苗族侗族自治州历史悠久，集自然风光、民族风情和人文景观为一体。 我国城市化建设以县城城市化建设为主要载体，在新一轮乡村振兴中将新农村建设提上了日程。 但一定要把保护和继承传统的理念贯穿其中，将传统村落的房屋改造和建设纳入发展规划，确保住房设计符合传统的要求，功能齐全，适应现代生活需求。

黔东南苗族侗族自治州的传统民居多为木构建筑。 当地住户充分利用自然资源，就地取材，采用本地的木料，但他们重视森林资源的繁衍和生态环境的保护，砍伐一棵树要种几棵小树苗已成村约。 由于地域山地多，住户大多将房屋建在不适宜耕种粮食的山坡上，多筑台立基（图 27-1），极少大规模开挖山体，因而保护了大片农田和山林植被。 黔东南苗族村寨传统民居多为吊脚楼，力求依山傍水，一般建在坡地上，扩大了空间，高效利用了土地。 吊脚楼底层架空，利于通风，避免潮湿。 人居住其上部，下部作为辅助用房（图 27-2）。 这种空间布局功能合理，增加了建筑的空间层次，增强了上下层之间的明暗对比。 建筑群高低错落，形象优美。吊脚楼不仅适应崎岖的山地环境，也创造了富有特色的地域建筑文化。 它占天不占地，上大而下小，是我国古代巢居文化系统的传承。

为了保护、传承黔东南村寨的传统民居，当地政府决定研究现代木房子，为振兴乡村，建设现代新农村，保护、维修和新建当地民居创造条件。 2015 年我们应邀

图 27-1　黔东南苗族侗族自治州的传统民居

图 27-2　吊脚楼

参与了这一工作，承担了现代木房子的研究、设计、建造工作，将我们构想的轻型、框板、集成、绿色、低碳的木构建筑体系应用于此。

27.2　现代木房子的样板房设计

为了适应乡村振兴和文旅事业发展的需要，为住户提供创业的条件，样板房的功能定位为居住和民宿结合。　一层为接待室、厨房和居室，二层今后可做民宿，设有共享空间，4 间客房，并且客房都设有卫生间。　图 27-3～图 27-5 为样板房平面、样板房剖面及样板房设计模型。

样板房采用两种建构方案，一种方案是应用现代木加工技术，采用集合木做成轻型木构房屋；另一种方案则是完全按照我国传统的实木梁柱骨架结构的建造方式。　我们采用了第二种方案。

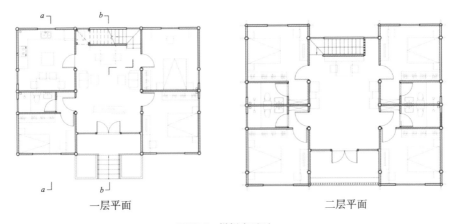

一层平面   二层平面

图 27-3　样板房平面

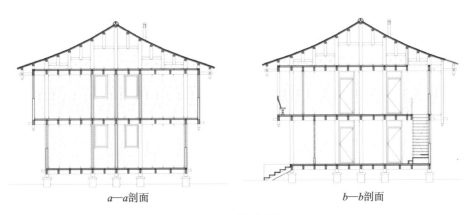

a—a剖面   b—b剖面

图 27-4　样板房剖面

图 27-5　样板房设计模型

样板房的造型旨在体现黔东南苗族、侗族传统民居的特色及魅力。 我们应用了当地传统的建筑元素，用实木做成梁、柱、桁条、檩条，并采用传统的榫卯结构，屋面采用双面坡屋顶形式，南有凹廊，入口有门槛，凹廊有美人靠。 样板房底层架空，仿干栏式建筑。 梁、柱、桁条、椽子、楼梯及门窗全部采用当地实木。 建筑建成后，既有现代感，又能与当地的传统建筑融合。

27.3 建   造

样板房的建造采用传统的实木梁柱骨架结构，用梁、柱、板三种基本构件组装成基本支撑体，内外再装修。 所有板体，包括内墙板、外墙板、楼面板和屋面板均采用 HC 生态板。 HC 生态板具有防水、防火、防虫、防腐等特性，并具有隔热、保温功能。 HC 生态板表面可根据设计需要制成木纹的木质感或大理石、花岗石的石质感，也可饰以其他装饰材料。 我们在墙体的内外两面都装饰了杉木条板，以增强样板房的温馨感和亲切感。

为了实现这幢样板房的建筑工业化，我们采用设计标准化、构件模块化、生产工厂化、施工装配化和装修一体化的设计建造模型，大大缩短了现场施工时间，实现了清洁生产和文明施工。 除了柱基为现浇混凝土，其余各建筑部件都是工业化生产并现场安装的。

所有实木梁、柱等构件均在江苏苏州某厂家生产，由汽车运到剑河县工地现场，再进行人工组装（图 27-6～图 27-13）。 样板房历时一个月完成并交付使用，体现了建筑工业化的特点。 图 27-14 为建成后的样板房外貌。

为了实现建筑工业化，我们还应用了 BIM 设计制图方法，编制了《黔东南苗族侗族传统木构集成样板房安装手册》《黔东南苗族侗族传统木构集成样板房安装指导说明》《黔东南苗族侗族传统木构集成样板房制造工艺说明书》。 我们还采用 CFD 方法分析样板房内外自然通风，将 PHOENICS 软件作为模拟分析软件。 模拟分析结果表明，样板房空气流动流畅，空气龄均小于 600 s，室内空气通风良好，满足《绿色建筑评价标准》的要求。 模拟分析结果同时也表明，样板房室内空气流速均

图 27-6　实木梁柱骨架

图 27-7　现浇混凝土柱基

图 27-8　构件组装

图 27-9　铺设墙板

图 27-10　铺设楼面板

图 27-11　铺设屋面

图 27-12　铺设屋面瓦

图 27-13　对样板房进行外装修

图 27-14　建成后的样板房外貌

小于 1.0 m/s，满足人活动舒适的要求，对人活动不造成影响。 图 27-15～图 27-17 为 BIM 设计过程中的模型。 图 27-18～图 27-23 为样板房实景。

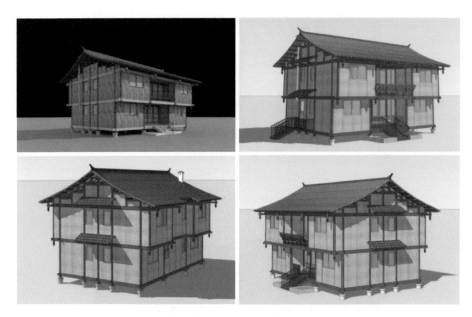

图 27-15 BIM 模型

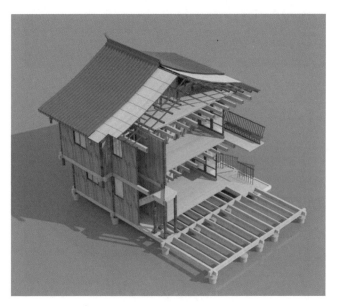

图 27-16 BIM 构造模型

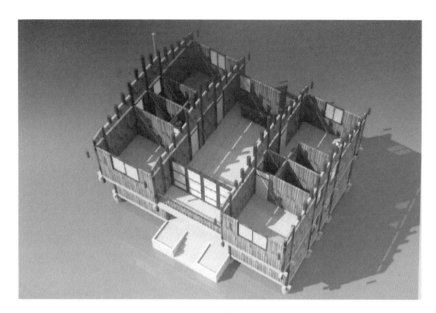

图 27-17　BIM 内部空间模型

图 27-18　入口

图 27-19　建筑外观细部 1

图 27-20　建筑外观细部 2

图 27-21　内部共享空间

图 27-22　房间内景

图 27-23　美人靠

28　低碳经济时代的建筑之道

28.1　危机催生新的时代

21 世纪开始，人们谈论最多的是大气变暖，地球环境恶化，以至于发出了"拯救地球"的呼声！世界著名的自然灾害专家、英国伦敦大学学院地球物理学教授比尔·麦克古尔在其书《7 年拯救地球》中宣称：人类只剩 7 年时间来拯救地球和人类自己，如果温室气体在这 7 年中无法得到控制，那么地球在 2015 年进入不可逆转的恶性循环中，各种灾祸将席卷全球，人类遭遇种种前所未有的"末日劫难"。

2004 年，一部名为《后天》的影片在全球引起轰动。2009 年《后天》的导演罗兰·艾默里奇又创作了新的灾难片《2012》。它汇集了地震、海啸、火山爆发等十大震撼场景，其中有世界新七大奇迹之一——巴西里约热内卢的耶稣雕像在奔涌的滔天洪水中倒塌；巨浪掀翻约翰·肯尼迪号航空母舰，航空母舰直撞白宫；夏威夷火山喷发，沦为一片岩浆；数千米高的海啸巨浪越过喜马拉雅山……这是借科学的幻想预示了"各种灾祸席卷全球"，从而告诫人类：地球上人类的生存面临着巨大的危机。雪上加霜的是，在环境恶化的同时，2009 年世界又发生了全球经济危机，它反映了全球经济的严重失衡。

受环境危机和经济危机双冲击的今日世界将会促使人类反思我们曾经走过的工业文明时代的道路，并寻求一条人与自然共生共存、和谐相处的新道路。历史的经验提示人类：经济危机预示着一次新的科技革命和发展机遇，催生一个新时代的诞生。这个新时代应该就是低碳经济时代。

低碳经济是以低能源、低污染和低排放为基础的经济发展模式，是人类社会继农业文明、工业文明之后又一次历史性的突破，从而推动人类社会的发展走向低碳经济绿色文明的新时代。

28.2 低碳经济呼唤低碳建筑

低碳经济实质是高效利用能源，注重清洁能源的开发，追求绿色 GDP。它直接影响着建筑的发展。

2009 年国际建筑师协会主席路易斯·考克斯曾就世界建筑日发表讲话："今年建筑日的主题是以建筑师的能力应对全球危机。"他说："当今世界正在经历前所未有的环境危机、气候危机、金融危机和社会危机。它促使我们对一系列问题进行紧急反思并找到创新的解决办法。"

这个"创新的解决办法"意味着什么？创新的办法绝不是权宜之计的办法，而是一个全新的、革命性的、适应低碳经济发展时代的建筑发展的新方式、新道路，即一条可持续发展的建筑道路。

世界未来学家曾预言，"金融业正朝着它的原始角色而发展""金融的未来在于回到本源，从人为设计的、远离用户的、非透明的虚拟经济发展到透明、可信、简单的实体经济中的积极参与者"。

建筑的未来在哪里？金融的未来在于回归本源，这对我们建筑业来说是否也是一个值得"紧急反思"的"启示"？我于 2009 年 6 月在《建筑学报》上发表了一篇文章，标题就是《建筑创作的回归》，即回归自然，回归基本理论，回归本体，回归本土，一句话也就是要回归本源。

建筑历史告诉我们，在建筑的形成和发展中，自然环境因素是建筑构成的必要基础条件，也是重要的限制因素。自然环境因素中，对建筑来说最重要的是气候因素，也可以说是气候造就了建筑，不同的气候条件形成了不同的建筑形态。

但是，今天的建筑却成为气候变迁的一个重要因素，因为今日的建筑所采用的材料都是高耗能的、不可再生的建筑材料——钢铁、水泥、黏土砖等，建成后的运行方式也都依赖人工照明、机械通风……这些都是高耗能、高污染和高排放的。不难看出，建筑业是导致气候变暖、环境恶化的一大原因。

因此，我们应该像国际建筑师协会主席所说的那样，紧急行动起来，进行反思。我们如何能在建筑业中为有效地降低二氧化碳排放和减少能源消耗做出自己的贡献？如何能够用更少的资源把建筑做得更多更好？我们应该抓住这次科技革命的机遇，用我们的智慧、技艺和思想为这场全球危机后的建筑探索一条可持续发展的解决之路。

28.3　低碳经济时代的建筑之道

低碳经济时代的新建筑的开拓，首先要更新观念、大破大立，在传统建筑的基础上确立新的建筑观念。我们有以美学为基础的古典主义建筑观，在工业革命时期确立了以功能、经济、技术为基础的现代建筑观，当今就要转变为以低碳经济、环境、生态为基础的绿色建筑观。

为了创造全新的绿色建筑之路，从建筑学的层面来看，我认为以下几方面是值得探求的。

1. 走向集约型

我国当前的建筑业是粗放型的行业，是高消耗（资金、能源）和低效率的行业。因此，要创造低碳建筑，节约能源和减少污染是重要的。我们必须坚持勤俭方针，必须改变粗放型建筑之道，走集约型的建筑之道。

首先，建筑的立项要真正按照科学发展观的要求实行科学决策，严格控制重复建设和扩大建设规模的倾向，根据实际需要控制建筑规模。

其次，改变追求奢侈、豪华的设计风格，走简约、朴实的设计之道。在满足功能的前提下，尽量使平面布局紧凑，提高建筑面积有效使用率，在住宅中可以提倡一户一宅，控制住宅套型面积标准。同时，尽量减少室内的无效面积，减少住户的公摊面积；在公共建筑中提高 K 值（即使用面积与总建筑面积的比率）；减少公共建筑设计中过多的共享空间，以节省空间，节省资源，节省能源，以更少的资源做更多的事。

建筑（包括人在建筑中的活动）是碳排放的一个主要来源，因此成为减排的主要对象。减少建筑碳排放的途径主要有两种，一种是大力利用再生能源，进行零排放建筑的试点；二是通过建筑的节能，减少常规能源的消耗，有利于节能减排。不管是哪种方式，集约化的建筑规模都有重要意义。

2. 走向自然的设计

《建筑十书》的作者维特鲁威提出："对自然的模仿和研究应为建筑师最重要的追求……自然法则可导致建筑专业基本的美感。"在寻找低碳经济时代的建筑之道时，这一条还是值得我们深思的。从建筑设计层面来讲，我们的建筑观念要转变，有两条是特别重要的，一是我们的建筑观念要从过去的征服自然、改造自然向尊重自然和保护自然转变；二是要由掠夺性的消耗自然资源向珍惜自然资源转变。

为此，我们要尊重自然，同时也要充分利用自然的资源进行设计，包括风、光、热、水、气、土、林等气象及天然资源。在建筑设计中，坚持以自然采光和自然通风为主的设计原则。建筑的总平面设计要有利于冬季日照，并避开冬季主导风向，利于夏季自然通风。场地总平面设计要不破坏当地的文物、自然水系、湿地、森林、基本农田和其他保护区，根据当地气候和自然资源条件，充分利用太阳能、地热能等可再生资源。在方案设计、规划阶段统筹利用好各种水资源，通过技术、经济比较，充分回收利用雨水，可以将雨水作为绿化景观、洗车等用水，以达到节水的目的。建筑布局结合当地的气候条件、地质地貌，根据地域气候不同的特点，根据场地不同的地形、地质、地貌进行设计。不要见山就开，见水就填，尽量减少对地形地貌的破坏。

3. 走向效益设计

从建筑师的角度来看，效益设计最重要的是空间效益的设计。建筑师是建筑空间的设计者、创造者，我们不仅要讲究平面的效益，我们更要追求空间的效益，因为建筑的平面只是大小的概念，与材料、资源、造价是没有关联的，只有空间才能真正让人感受到用了多少材料，花了多少人工，需要多少钱才能建设起来。因此，提高建筑空间的效益对节约总造价有着重大意义。节约空间意味着节约了材料、资源、能源，从而也减少了碳排放。以剧院、体育场馆等设计为例，从实际功能要求和声学的角度出发，过大的空间不仅对声学处理不利，同时也造成更大的空调负荷量，造成更多的能源浪费，增加了碳排放。

效益是指社会效益、环境效益和经济效益，三者应是辩证统一的。 其中，社会效益是目的，环境效益是条件，经济效益是手段，而经济效益的核心是空间效益。 因此，空间效益不仅关系着经济效益，也关系着环境效益和社会效益。 没有好的空间效益，就没有好的经济效益，也就谈不上环境效益和社会效益。

从建筑结构工程师的角度谈效益设计，其重点就在于追求结构设计材料的有效利用，即要优化材料的使用并最大限度地减轻结构自重，争取用更少的材料做出更多的产品。

从施工角度看，效益设计应追求简化设计，即标准设计，统一构件尺寸，减少产品规格的种类。

4. 走向适应性设计

建筑寿命通常为 50～100 年，但是很多建筑在生命期未尽之时就早早拆除了，其中一个原因就是不适用了。 这无疑是很大的资源浪费。 可持续建筑应该具有再利用的特点。 因此，提倡适应性设计就是要创造能适应时代变化，从而形成功能变化的设计方式，使建筑可以改变，具有适应性。 变是绝对的，建筑设计的不确定性也是始终存在的。 提倡适应性设计就是创造一种以不变应万变的设计模式，从而解决这个变的问题。 我从 20 世纪 80 年代初开始研究的开放建筑设计理论就提供了建筑可持续使用的一种设计理论和设计模式。 它没有把建筑设计看作一个"终极产品"，而是创造一个可因人、时、事而变的开放的空间系统。 这种适应性设计使建筑空间具有极强的开放性、包容性和灵活性，自然也就有了适应性，从而最后达到可持续性。

从建筑工程结构设计的角度来讲，适应性设计就是要在结构设计的决策中，考虑结构系统有再使用的可能，既可延长材料的服务期，也要考虑结构系统和结构构件的再使用，或者在不大范围修改、拆除或新建的条件下让结构能够适应其他用途，甚至也可考虑建筑拆除后结构构件仍然可以异地再利用。 这无疑有利于节能减排，符合 3R 原则。 奥运会建筑、世博会建筑大多是临时性的，设计时必须考虑适应性，拆除后可以异地再建，或建造成其他功能的建筑。

5. 走向循环设计

循环设计要求建筑选用的材料和采用的构件在其寿命结束时能够再循环和再利用。这些材料或构件可作为再循环产品的原料。在此，结构工程师起着关键作用，设计时就要考虑到结构最终是可以再循环和再使用的，结构工程师所选择的材料对结构寿命结束时的处置方案起重要作用。

循环设计对建筑师来讲也很重要。建筑师在总体规划时，要有意识地充分利用原有的建筑及市政设施，并纳入规划项目，让其重新发挥作用，不要轻易拆除。合理地选用废弃场地进行建设，对已被污染的废弃地进行处理。建筑师在选用填充材料和装饰材料时要考虑环保，除了要选用清洁无污染的材料，还要考虑循环使用。在保证性能的前提下，使用以废弃物为原料生产的建筑材料，以促进循环经济的发展。

在水、电、暖的设计中，我们也要增强循环设计的理念，如选用余热或废热利用等方式提供建筑所需的蒸汽或生活热水；利用排风对新风进行预热（或预冷）处理，降低新风负荷；处理生活污水并再利用，以减少对自来水的消耗。

建筑在建设和运行过程中都造成大量的垃圾。坚持循环设计的理念，就要考虑产生的建筑垃圾和生活垃圾如何能循环再利用。我们在20世纪90年代末规划设计扬州新能源生态住宅小区时，曾研究将小区住户的生活有机垃圾运到沼气池，从而使产生的沼气满足20%住户的厨房燃气需要。这种循环利用在我国也是可行的。

6. 走向智能化设计

为了高效、节能，在满足使用者对环境要求的前提下，利用现代信息技术，使今后的建筑走向智能化，使办公楼变为智慧大厦，使住宅成为智能住宅，使每一幢建筑都成为智能建筑。智能建筑尽可能利用光、热调节室内物理环境，最大限度地减少能源消耗，按预先确定的程序区分工作时间和非工作时间，对室内环境实施不同标准的自动控制。例如，下班后自动降低室内照度及温湿度控制标准，已成为智能建筑的基本功能。利用空调和计算机等行业的最新技术，最大限度地节省能源，是智能建筑的主要特点之一。它以人体工程学为基础，以人为本，确保人的安全和健康。它对室内温度、湿度、照度均加以调节，甚至控制色彩背景、噪声和味道，使人心情舒畅，从而大大提高了工作效率。

7. 走向适宜技术的设计

在绿色建筑设计中，应该提倡应用适宜技术，使建筑达到健康、节能、舒适和经济的要求，促使建筑设计回归本源，发掘、传承并发扬各地乡土建筑中简易、有效、朴实的生态技术和方法，不宜盲目追求高科技的材料和技术，更不应该利用高科技生态产品来作秀，以达到某种商业目的。

8. 走向跨学科的团队设计

在探索绿色低碳建筑的过程中，建筑师的工作不能局限于建设工程范围内与工程师的合作，而要跨出建筑业，与更多专业人员合作，走多学科，产、学、研相结合的道路。 因为建筑聚焦资源利用和保护问题，绿色低碳建筑要涉及更大范围的绿色问题。 作为建筑的总设计师，要了解和熟知绿色建筑所涉及的问题，并参与整体设计过程，将各种相关的技术与成果综合融入建筑设计，使它们与建筑成为一体化的有机运行体。

同样，绿色建筑也要求相关专业人士从建筑策划开始加入合作过程，并将这种合作贯穿绿色建筑设计的全过程。 许多绿色建筑的成功取决于多专业的积极参与。 2008 年我们提出轻型、框板、集成、绿色、低碳建筑构想时，就组建了研究设计团队，共同从事过渡安置房样板房的研制，最后取得了成果。

28.4 对绿色低碳建筑的探索

为了应对全球气候变暖造成的地球环境危机，世界各国都在采取多种措施减少碳排放，建筑业也一样。 有的建筑师在试建"零排放建筑"，有的建筑师在试建"低排放城市"，而更多的建筑师正在规划绿色城市。

我从 20 世纪 90 年代初就认为可持续发展是建筑未来发展的方向，从那时起就致力于这方面的学习和研究。 我们进行了生态技术与建筑一体化研究，并在江苏扬州开展了新能源生态住宅小区的试验工程工作，在效益设计、适应性设计、循环设计、尊重自然设计等方面都进行过探索。 当时主要想探讨生态住宅，还未上升到

"零排放"住宅的概念。

2008 年，四川汶川大地震引起了我们对建筑更深刻的反思。 我们在探索中深感新材料和新技术在建筑变革中的重要性，深感建筑革命要从建筑材料上突破。 因此，我们逐步明确尽量减少高能耗、低效率的建筑材料的应用，如钢、水泥和黏土砖，而要将可再生的、天然的材料作为建筑材料建造房屋。

减少建筑业的二氧化碳排放，要从建筑的全过程加以控制。 建筑的全过程包括建筑的建设过程和建成后的运行过程两部分。 我们研究绿色建筑也是从这两方面同时开展的。 我们的探索经历如下。

1. 扬州新能源生态住宅小区（图 28-1）

我们结合国家自然科学基金资助的《可持续发展住宅与生态技术集成化研究》对生态住宅进行了探索。 遵循可持续发展的思想，体现生态特色，充分利用自然资源是该住宅设计的指导思想，主要体现在如下方面。

图 28-1　扬州新能源生态住宅小区——栖月苑鸟瞰

充分利用土地，采用高效空间住宅的研究成果，从三维进行内部空间的设计，充分利用太阳光，最大限度地增大朝向好的采光面，在不受光的空间（如地下室、暗储藏室等）利用国际先进的光纤导光技术引进自然光线。 最大限度地利用自然通风，包括穿堂风和垂直通风系统。 充分利用日光热和地热，用其潜能创造自循环的住宅供暖冷却系统。 我们希望该研究让生态住宅对自然生态环境和地区环境更亲和，对资源的利用更高效，让住户更舒适、安全、健康。 我们认为，未来理想的生态住宅应该具有以下特征：①与自然环境共生共存；②能让住户自由自主地参与设计；③能量消耗走向自给自足；④生活垃圾走向自生自灭；⑤废水自用；⑥走向自动化。

2. 抗震救灾过渡安置房样板房（图 28-2）

2008 年为四川汶川地震灾区研制的轻型、框板、集成、绿色、低碳的过渡安置房样板房，是一座两层的两开间木房，每间面积为 20 m^2，建筑面积共 80 m^2。 按设计要求，房内不设水电，木框架、内墙板、外墙板、楼面板和屋面板均采用由生长速度快且可再生的杨树制作的木质人造板和由农作废弃物秸秆生产的秸秆板。 它们

图 28-2　抗震救灾过渡安置房样板房建成后实景

经由科学合理的设计成为能保温隔热的多功能板。 柱、梁、板构件全部由工厂生产，运到工地现场安装。 此样板房全部构件的重量小于 10 吨，5 位工人 7 天安装完成，总造价 7 万元。

3. 浙江省天目山西谷度假屋（图 28-3）

这个工程按轻型、框板、集成、绿色、低碳的要求设计建造。 度假屋坐落在天目山上，山坡朝南，较陡。 我们结合山地共规划了 8 幢度假屋，将其布置在不同的标高上，每一座度假屋面积为 72 m²，可供一个小家庭度假之用。 度假屋于 2009 年 10 月建成，每幢造价 13 万元。

图 28-3　浙江省天目山西谷度假屋在建外景

4. 南京秣陵农民之家（图 28-4）

这是江苏省住房和城乡建设厅为倡导城乡节约建设、生态发展、推动新技术、新材料的应用而组织建设的一个环保建筑示范工程，地点选在南京市江宁区周里村。 工程采用轻型、框板、集成、绿色、低碳的建设模式。 农民之家内有图书阅览室、电子阅览室、棋牌室及乒乓室等用房，面积为 208 m²，层数为两层。 它由木框架和环保生态板构建而成，所有木框架构件（梁、柱）及板都在异地工厂生产，运到场地后人工现场安装。 10 余位工人用时一个半月完成建设，总建设费为 45 万元。

图 28-4 建成后照片

28.5 结　　语

人们在经历世界经济危机、气候危机、环境危机之后，开始觉醒。全球正走向绿色低碳经济时代，各行各业都在提倡低能源、低污染和低排放的产业发展模式，建筑业也不例外，应发展绿色低碳建筑。作为建筑人（建筑业的合作者、管理者、经营者、设计者、建设者等），都要为此努力学习、工作和探索，为建筑业全面转向绿色而努力。

29 木构集成房屋效益分析

　　建筑及其运行的资源消耗和对环境的影响日益显著，让人触目惊心。目前人类从自然界获取的大部分物质资源用来建造各类建筑，而在建设中能源消耗占全球能源的一半。可以说，建筑业现行的生产模式是气候变暖、环境破坏的因素之一。因此，资源节约型和环境友好型的中国可持续发展的建筑之路，是我们必须开拓之路。要从根本上改变目前的建筑建造模式，尽可能采用低能耗生产的绿色建筑材料和零能耗的天然建筑材料，以减少或代替至今普遍采用的高能耗的钢材、水泥和黏土砖。为此，从 2008 年开始，经过反复构思和实际研究，我们研发了《木构·轻型·框板·集成·绿色·低碳建筑》的自立项目，并进行前述 4 次试验房的建设。江苏省住房和城乡建设厅召开的南京江宁秣陵社区"农民之家"专家论证会上，我们的研发项目得到了与会专家的充分肯定。专家一致认为这个研发项目意义重大，对集约型城乡建设起到积极的推动作用，并且在环境、经济和社会方面都具有重要的意义。

29.1 环 境 意 义

　　（1）减少或不用水泥、钢材和黏土砖，而采用我们试验房应用的材料和产品，可以直接节能减排。

　　（2）我们将农作废弃物秸秆作为原料制成秸秆板，并将其用作多功能复合空心板中的隔热材料。根据实践经验，如果采用生态板，足以解决南京地区的秸秆利用问题，同时也可减少近 70 万吨二氧化碳的排放量，对恢复蓝天是有好处的。

　　南京秣陵农民之家建成后，我们对其墙体的保温隔热性能进行了试验。试验结果是，这种木构多功能复合空心板外墙的保温隔热性能相当于一砖半砖墙的保温隔热性能。

（3）试验房建造中采用的两种生态板产品在生产中既不用实煤烧结，也不用燃油燃烧，而且在生产中不产生废气、废水，是低能耗、零污染的清洁生产（图29-1）。

图 29-1　多功能复合空心板

（4）试验房采用可再生、生长速度快的林木，如杨树。 这种林木在生产的过程中产生大量的氧气，同时也吸收了大量的二氧化碳，对大气有益无害。 我们采用工厂化生产，工地现场安装，没有噪声，没有灰尘，没有废气，没有建筑垃圾，做到清洁生产，文明生产（图29-2、图29-3）。

图 29-2　生态板作业生产线

（5）试验房采用轻型、框板、集成、绿色、低碳的木构建筑体系，减轻了房屋自重，利于抗震。 多功能复合空心板起到了一定的剪力墙的作用，增强了建筑的安全性。

图 29-3　建成后现场清理的垃圾

29.2　经济意义

试验房以木构（或竹构）为骨架，将木质和非木质多功能复合空心板用作内墙板、外墙板、楼面板和屋面板，大大减轻了建筑的重量，减少基础面积。 内墙、外墙厚度为 80～100 mm，增加了建筑有效使用面积。 试验房采用多功能复合空心板做外墙，保暖隔热一体化，外墙板厚度为 100 mm。 经试验，其保温隔热性能相当于一砖半砖墙的保温隔热性能。 因此，外墙无须再贴保温材料。 多功能复合空心板做外墙，其外表面可以免装修，因为它可做到建筑装修一体化。 采用设计标准化、构件模块化、生产工厂化、施工装配化、建筑装修一体化的建设模式，大大缩短了施工工期，节约人力和财力。 综合考虑以上各项，预计可降低 10%～15% 的建筑成本。

试验房采用轻型、框板、集成、绿色、低碳的木构建筑体系，可以形成一条新的生产链，带动农业、林业、材料加工业、回收行业及建筑业的发展，可相应带动就业岗位和收入的增加。

29.3 社会意义

采用轻型、框板、集成、绿色、低碳的木构建筑体系，促进了现有的高能耗、高污染、低效率的粗放型的建设模式的变革，开辟了一条取自自然、回归自然、利用废弃物、集约型、符合循环经济产业要求的新的建设模式，有利于推动建筑工业化的发展，有利于推动建筑行业率先走向绿色经济，达到环保、节能减排的要求，从而有利于实现清洁生产和文明生产。采用这样的建设模式生产的房屋，将让住户更健康、更舒适，有利于创建健康的人居环境。

我们设计的试验房建成后，得到了社会的好评。各地的开发商、企业家、投资者不断来电来函，有的投资者甚至要把它推广到澳大利亚、非洲及日本等国家和地区。他们认为木构房屋在国外更容易被接受，可实行工厂化生产，就地组装，适合国外劳动力紧张的情况。但是，我们研究的这种建筑体系立足于国内，希望该体系在以下几方面得到应用与发展。

首先，它适合城乡低层建筑，不仅可作为乡村农民住宅，也可作为旅游建设开发的乡间度假别墅。该体系不仅适用于居住建筑，也适用于中小型公共建筑及中小型工业建筑等。社会主义新农村建设中应有它的发展空间。

其次，它可用于多层和高层的围护结构及楼面、屋面工程，可采用多功能复合空心板体系。它可以工厂化大批量生产，大大减轻建筑自重，节约建筑投资，缩短建造周期，有利于建筑抗震，在城市建设中也应有广泛的应用空间。

此外，在今后旧建筑更新改造中，可利用此体系的构件，如平屋顶加建及旧建筑内部的更新改造等。因为它重量轻，工厂化生产，施工快，没有噪声、污染，对建筑周围环境没有影响。

将其作为抗震救灾过渡安置房是我们研究该建筑体系的初衷。它可工厂化生产，就地安装，可以适应不同地形，架空建造，不会大范围破坏地形地貌，同时能节约土地。

试验房虽然是小房子，但是小房子也可做点大文章。小房子的建造试验，可以为建筑业由粗放型走向集约型、资源节约型和环境友好型做出一些有益的探索。 它有助于推动建筑业高质量发展，在一带一路的建设中也应有其充足的发展空间。

29.4 传 热 系 数

试 验 报 告

1. 试验人员

试验人员为丁文雷、尤伟、张厚亮。

2. 试验目的

本试验基于一维稳态传热原理，通过对恒定温度下木质和非木质多功能复合空心板的内外表面温度的测定，计算出材料的传热系数。

3. 试验设备

试验设备为：JW-Ⅰ型墙体、玻璃制品隔热保温检测装置、JTRG-Ⅱ建筑热工温度与热流自动测试仪等（图29-4）；若干板材（图29-5）。 试验设备与指标参数见表29-1。

图 29-4　试验装置

图 29-5　板材

表 29-1   试验设备与指标参数

<table>
<tr><th rowspan="2">试验设备</th><th colspan="4">指标参数</th></tr>
<tr><th>名称</th><th>测量范围</th><th>精度</th><th>分辨率</th></tr>
<tr><td rowspan="4">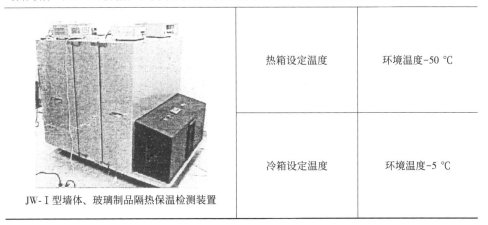JTRG-Ⅱ建筑热工温度与热流自动测试仪</td><td>温度
（T 型热电偶）</td><td>−50 ～
150 ℃</td><td>±0.5 ℃</td><td>0.1 ℃</td></tr>
<tr><td>环境温度
（PT100,
铂电阻）</td><td>−40 ～
50 ℃</td><td>±0.1 ℃</td><td>0.1 ℃</td></tr>
<tr><td>热流量</td><td>0 ～
1000 W/m²</td><td>≤±0.5‰</td><td>0.1 W/m²</td></tr>
<tr><td colspan="4">操作软件：JTRG-Ⅱ建筑热工温度与热流自动测试仪软件（记录时间设定为每分钟记录一次）</td></tr>
<tr><td rowspan="2">JW-Ⅰ型墙体、玻璃制品隔热保温检测装置</td><td>热箱设定温度</td><td colspan="3">环境温度−50 ℃</td></tr>
<tr><td>冷箱设定温度</td><td colspan="3">环境温度−5 ℃</td></tr>
</table>

4. 试验方法

将板材置于 JW-Ⅰ型墙体、玻璃制品隔热保温检测装置中，箱壁采用气密性良好、绝热的泡沫塑料，将板材置于中间。 两边分别是热箱和冷箱。 在热箱一边取三个点，分别放置三块热流板，在其旁边放置温度采集点；在冷箱一边对应设置三个温度采集点（图 29-6、图 29-7）。 试验时对热箱和冷箱分别进行加热和降温（图 29-8～图 29-10），待两边温度分别稳定，用 JTRG-Ⅱ建筑热工温度与热流自动测试仪对数据进行记录。 分别对每块板材进行三次试验，试验共准备六块板材。

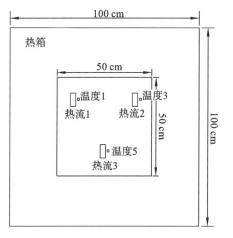

图 29-6 热箱

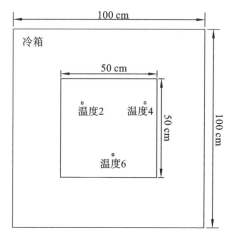

图 29-7 冷箱

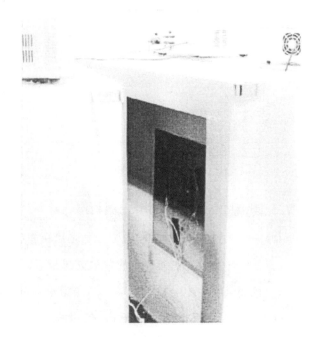

图 29-8 检测装置内热面情况 1

图 29-9 检测装置内热面情况 2

图 29-10 检测装置内冷面情况

5.试验结果

对试验所得的数据计算平均值如下。

（1）算术平均法。

①热阻：0.486 （m² · K）/W。

②传热系数：1.558 W/（m² · K）。

（2）动态分析法。

①热阻：0.493 （m² · K）/W。

②传热系数：1.566 W/（m² · K）。

原始数据见表29-2。 试验数据见表29-3。

表29-2 原始数据

1-01　2011-3-27

时间	温度1	温度2	温度3	温度4	温度5	温度6	热流1	热流2	热流3	补偿
5:20	28	−1.3	28.8	−1.2	28.2	−2.2	77.5	95.8	84.3	17.5
5:21	28.1	−1.3	29	−1.3	28.4	−2.3	77.5	95.1	85.7	17.5
5:22	28.3	−1.4	29.2	−1.4	28.7	−2.3	79.5	97.9	88.4	17.5
5:23	28.6	−1.2	29.6	−1.8	28.9	−2.4	81.5	98.5	87.7	17.6
5:24	28.7	−1.3	29.8	−1.9	29.1	−2.4	80.9	99.2	89.1	17.6
5:25	29	−1.2	30.1	−1.9	29.4	−2.4	81.5	100.6	90.4	17.7
5:26	29.2	−1.3	30.5	−2	29.6	−2.4	82.2	101.3	91.1	17.7
5:27	29.4	−1.2	30.6	−2	29.9	−2.4	83.6	101.3	93.1	17.8
5:28	29.7	−1.2	30.8	−2.1	30.1	−2.5	83.6	102.6	93.8	17.8
5:29	30	−1.3	31	−2.2	30.2	−2.5	84.9	104.7	92.5	17.8
5:30	30	−1.3	31.2	−2.2	30.4	−2.5	84.3	105.3	93.1	17.8

时间	温度1	温度2	温度3	温度4	温度5	温度6	热流1	热流2	热流3	补偿
5:31	30.3	−1.2	31.5	−2.1	30.8	−2.5	86.3	106	95.2	17.9
5:32	30.6	−1.3	31.6	−2.2	30.8	−2.5	85.6	105.3	96.5	17.9
5:33	30.8	−1.3	31.9	−2.3	31.1	−2.6	87	106.7	97.2	17.9
5:34	30.9	−1.3	32.2	−2.3	31.4	−2.5	85.6	108.1	97.9	18
5:35	31	−1.3	32.3	−2.3	31.6	−2.6	85.6	110.1	98.6	18
5:36	31.3	−1.2	32.6	−2.3	31.7	−2.6	86.3	106.7	99.3	18.1
5:37	31.3	−1.3	32.6	−2.4	31.7	−2.6	83.6	103.3	96.5	18.1
5:38	31.2	−1.3	32.4	−2.4	31.6	−2.6	79.5	99.2	93.8	18.1
5:39	31.1	−1.3	32.3	−2.5	31.4	−2.6	75.4	95.1	91.1	18.1
5:40	31	−1.3	32.1	−2.4	31.2	−2.6	71.3	88.3	86.3	18.2
5:41	30.8	−1.4	31.9	−2.5	31.1	−2.7	70	86.3	84.3	18.2
5:42	30.7	−1.4	31.6	−2.6	30.8	−2.7	65.9	80.9	81.6	18.2
5:43	30.7	−1.4	31.4	−2.5	30.7	−2.7	61.8	78.8	77.5	18.3

注：表中温度的单位为℃，热流的单位为W。

表 29-3 试验数据

板1	算术平均法	第一次	第二次	第三次	三次平均值
	热阻 [（m² · K）/W]	0.384	0.457	0.553	0.465
	传热系数 [W/（m² · K）]	1.871	1.648	1.423	1.647
	动态分析法	第一次	第二次	第三次	三次平均值
	热阻 [（m² · K）/W]	0.421	0.496	0.556	0.491
	传热系数 [W/（m² · K）]	1.752	1.549	1.417	1.573

板2	算术平均法	第一次	第二次	第三次	三次平均值
	热阻〔(m² · K) /W〕	0.441	0.523	0.542	0.502
	传热系数〔W/(m² · K)〕	1.693	1.485	1.445	1.541
	动态分析法	第一次	第二次	第三次	三次平均值
	热阻〔(m² · K) /W〕	0.460	0.520	0.549	0.510
	传热系数〔W/(m² · K)〕	1.639	1.492	1.431	1.521
板3	算术平均法	第一次	第二次	第三次	三次平均值
	热阻〔(m² · K) /W〕	0.501	0.535	0.565	0.534
	传热系数〔W/(m² · K)〕	1.535	1.460	1.339	1.445
	动态分析法	第一次	第二次	第三次	三次平均值
	热阻〔(m² · K) /W〕	0.509	0.530	0.567	0.535
	传热系数〔W/(m² · K)〕	1.518	1.470	1.394	1.461
板4	算术平均法	第一次	第二次	第三次	三次平均值
	热阻〔(m² · K) /W〕	0.447	0.478	0.504	0.476
	传热系数〔W/(m² · K)〕	1.674	1.591	1.152	1.472
	动态分析法	第一次	第二次	第三次	三次平均值
	热阻〔(m² · K) /W〕	0.438	0.511	0.490	0.480
	传热系数〔W/(m² · K)〕	1.701	1.512	1.561	1.591
板5	算术平均法	第一次	第二次	第三次	三次平均值
	热阻〔(m² · K) /W〕	0.455	0.455	0.491	0.467
	传热系数〔W/(m² · K)〕	1.653	1.654	1.561	1.623
	动态分析法	第一次	第二次	第三次	三次平均值
	热阻〔(m² · K) /W〕	0.355	0.464	0.516	0.445
	传热系数〔W/(m² · K)〕	1.981	1.628	1.502	1.704

	算术平均法	第一次	第二次	第三次	三次平均值
	热阻 $[(m^2 \cdot K)/W]$	0.440	0.488	0.495	0.474
	传热系数 $[W/(m^2 \cdot K)]$	1.694	1.568	1.594	1.619
板6	动态分析法	第一次	第二次	第三次	三次平均值
	热阻 $[(m^2 \cdot K)/W]$	0.482	0.510	0.503	0.498
	传热系数 $[W/(m^2 \cdot K)]$	1.583	1.514	1.532	1.543

参 考 文 献

[1] 鲍家声.一个建筑学人的方案——博古架式住房设计构想[J].新建筑,2019
（06）:68-71.

[2] 鲍家声,莫江南.天河花桥下竞泳——黔东南榕江游泳馆设计[J].新建筑,2018
（05）:60-63.

[3] 鲍家声.回归理性、自然与本土——安徽省池州学院校园规划与设计[J].建筑
学报,2014（07）:98-101.

[4] 迪特玛·埃伯勒,贾倍思,鲍家声,等."开放建筑"大家谈[J].建筑技艺,2013
（01）:138-142.

[5] 乌再荣,鲍家声.明清江南民间信仰与市镇空间结构[J].城市规划学刊,2011
（02）:95-104.

[6] 鲍家声.低碳经济时代的建筑之道[J].建筑学报,2010（07）:1-6.

[7] 鲍家声.建筑体系构想与实践[J].新建筑,2010（02）:73-76.

[8] 鲍家声.建筑创作的回归[J].建筑学报,2009（06）:92-95.

[9] 叶强,鲍家声.论可持续发展的城市规划与设计原则[J].南方建筑,2004
（04）:69-70.

[10] 叶强,鲍家声.论概念规划到近期建设规划的文化特征[J].中外建筑,2004
（01）:69-72.

[11] 鲍家声,葛昕."模块式"图书馆设计[J].南方建筑,2002（04）:32-37.

[12] 鲍家声.现代图书馆建筑开放设计观——图书馆新的建筑设计模式[J].南方建
筑,1999（03）:16-20.

[13] 鲍家声.适应市场的开放住宅——商品住宅特点及其设计理念[J].住宅科技,
1999（06）:4-7.

[14] 鲍家声.可持续发展与建筑的未来——走进建筑思维的一个新区[J].建筑学

报,1997（10）:44-47.

［15］ 鲍家声.城镇住宅建设新模式［J］.世界建筑,1987（03）:9-10.

［16］ 鲍家声.人民住宅人民建——关于支撑体住宅建设的设想［J］.新建筑,1984
（03）:7-13.

［17］ 鲍家声.住有所居:一种适应刚需的集约型住房设计模式［M］.武汉:华中科
技大学出版社,2022.

［18］ 鲍家声.可持续发展的城市与建筑——人居环境可持续论［M］.北京:中国建
筑工业出版社,2020.